海南橡胶林下
珠芽魔芋种植与利用

HAINAN XIANGJIAOLINXIA
ZHUYA MOYU ZHONGZHI YU LIYONG

张志扬　王秀全◎主　编

中国农业出版社
北　京

U0651302

编委会
BIANWEIHUI

目　　录

第一章 魔芋与株芽魔芋概述

第一节 魔芋的概况

魔芋（*Amorphophallus*）是一种多年生、耐阴、单子叶植物纲天南星科魔芋属草本植物。在中国古典文献中，魔芋也被称为蒟蒻、班仗、磨芋等。最早的称呼蒟蒻可追溯到西晋时期的《蜀都赋》，它是指魔芋植株的叶和花。而磨芋这个称呼则源于清代，可能与磨芋豆腐的制作有关。现代常用的魔芋称呼则是由于魔芋的奇特外形及生物学特征被取名为魔，具有神奇的含义，故而得名。在我国，魔芋有着较广泛的分布范围和栽培历史，因此在很多地方也有着不同的俗称或俗名。

魔芋属的起源与分布是植物学家一直在关注的问题。魔芋属是天南星科中重要的分类，在植物学分类中具有种这个概念，例如日常讲的白魔芋、花魔芋等都是不同的品种。研究表明，魔芋这一类似概念的物种已有 6 600 万年的进化历史，是一种源自欧亚古陆亚洲南缘地带的古老植物。地理范围广泛，包括越南、老挝、柬埔寨、缅甸、泰国、印度、孟加拉国、菲律宾、印度尼西亚等亚洲国家和马来西亚西部、中国云南南部、非洲某些地区。然而，据学者研究推测，东南亚及赤道附近热带岛屿地区不是魔芋的发源地，而非洲地区也不符合魔芋的生物学要求。魔芋的发源地可以追溯到印度北部地区，中南半岛的缅甸、泰国、老挝、越南等地区和中国云南南部等地区。这些地区气候温暖湿润，植被多为常绿植物，符合魔芋生长要求。

　　魔芋是偏向温暖湿润的半野生植物，生长适宜的气温是20～30℃，最适宜的温度为25℃，适宜的相对湿度为80%～90%。因此，魔芋生长的地方应该是温暖湿润而不是过于炎热和干燥的地方。在东经65°—140°、北纬36°至南纬10°的热带和亚热带地区，包括中国、越南、老挝、泰国、缅甸、菲律宾、孟加拉国、印度、印度尼西亚、朝鲜、韩国和日本等12个国家，都有魔芋资源的分布。北美洲、拉丁美洲和欧洲等地区并没有魔芋分布，这些地方只有植物园标本区里有引进的魔芋植物，数量不足以支持数据统计。魔芋的产量和海拔高度有一定的关系。一般来说，魔芋的垂直分布范围不超过海拔2 500米，大部分魔芋资源都分布在海拔1 000米以下的地区。在同一品种中，随着海拔高度的逐渐增加，产量会逐渐降低。表1-1是我国学者根据不同地区和海拔综合汇总的魔芋垂直适宜生长度规律。

表1-1　魔芋适植度的垂直地带性

地域	适植度	海拔范围
秦巴山地	最适宜	680～1 000米的秦巴山地
	适宜	北麓＜680米的低山及丘陵，1 000～1 200米的中山
	不适宜	＞1 200米的高山
四川盆地	最适宜	600～1 000米的盆周高山、北部平行山岭
	适宜	450～600米的低山，南部平行山岭，1 000～1 200米的中山
	不适宜	＜600米的丘陵、平原
云南高原	最适宜	1 000～1 600米的干热河谷，1 000～2 400米的低山丘陵、高原、盆地、山地
	适宜	800～1 000米的地热河谷丘陵，2 400～2 500米的高山，1 600～1 800米或2 300米的干热河谷
	不适宜	＜800米河谷低山丘陵，＞2 500米的高山
贵州高原	最适宜	480～1 400米黔东北、黔西、黔东南的中山、低热河谷，1 000～2 000米的黔东北、黔西、黔东南山地
	适宜	＜480～1 400米的河谷，1 400～1 700米的中山平原，2 000～2 300米的黔东、北、西部中山
	不适宜	黔北、黔西、黔南＞2 300米，黔东＞1 700米

（续）

地域	适植度	海拔范围
东南丘陵	最适宜	江南 300～1 000 米山地，华南 300～1 200 米山地
	适宜	<500 米丘陵，江南>1 000 米的中山，华南>1 200 米的中山
	不适宜	>1 500 米中高山及平原
滇南热区	最适宜	170～2 200 米的滇南东部热区
	特适宜	<2 000 米的滇西南热区

据不完全统计，全球已发现 260 多种魔芋，已定名品种为 220 种，目前开发的约有 20 种，仅占全球魔芋总数的 7.7%。我国是魔芋起源地之一，记载有 30 多种，占全球魔芋总数的 12%。其中十多种为我国特有的原始魔芋品种，目前栽培的众多品种往往都是以这些品种为繁育材料人工选育而来。这些品种包括大魔芋、台湾魔芋、硬毛魔芋、攸乐魔芋、疏毛魔芋、蛇枪头、甜魔芋、灰斑魔芋、白毛魔芋、梗序魔芋等。表 1-2 记录了《中国植物志》（1979版）中原始魔芋资源的分布情况。

表 1-2 我国主要魔芋资源及分布

序号	种名	分布地区
1	花魔芋（A. rivieri）	四川、贵州、云南、广西、广东、台湾、福建、浙江、江西、江苏、安徽、湖南、湖北、甘肃、陕西、宁夏
2	珠芽魔芋（A. bulbifer）	云南、西藏
3	疏毛魔芋（A. inensis）	江西、湖南、湖北、江苏、浙江、上海、福建
4	东川魔芋（A. mairei）	云南
5	白毛魔芋（A. niimurai）	台湾
6	南蛇棒（A. dunnii）	湖南、湖北、广西、四川、云南
7	野魔芋（A. variabilis）	福建、江西、广东
8	滇魔芋（A. yunnanensis）	云南、贵州、广西

（续）

序号	种名	分布地区
9	疣柄魔芋（A. virosus）	广西、广东
10	蛇枪头（A. mellii）	广西、西藏
11	台湾魔芋（A. henryi）	台湾
12	灰斑魔芋（A. microappendiculatus）	广东
13	大魔芋（A. gigantiflorus）	台湾
14	天心壶（A. bankokensis）	云南
15	湄公魔芋（A. mekongensis）	云南
16	梗序魔芋（A. stipitatus）	广东
17	硬毛魔芋（A. hirtus）	台湾
18	香港魔芋（A. oncophyllus）	广东

　　魔芋的种植需要考虑气候、地形等多种限制型因素，才能确定最适宜种植的区域。根据现有资料，有学者依据气候条件对魔芋的种植影响进行深入研究，总结出适合我国魔芋种植的标准体系（表1-3）。该体系为促进我国魔芋种植产业规范化发展建立了科学标准。

表1-3　魔芋综合分区的标准指标体系

	项目	最适区	适宜区	可过渡种植区	不可种植区
温度	①年均温度（℃）	14～20	11～14	9.5～11	<9.5
	②有效积温大于10℃（℃）	>4 000	2 900～4 000	2 600～2 900	<2 600
	③7—8月平均最高温度（℃，除珠芽魔芋、疣柄魔芋和甜魔芋外）	17.5～25	12.5～17.5 25～30	>30 或 <12.5	
	④7—8月平均最高温度（℃，珠芽魔芋、疣柄魔芋和甜魔芋）	20～30	15～20 或 30～35	>35 或 <15	
	⑤7—8月平均相对湿度（%）	80～90	76～80	<76	
	⑥全年无霜期（天）	>260	220～260	200～220	<200

（续）

项目	最适区	适宜区	可过渡种植区	不可种植区
降雨量 ①6—9月降水量（毫米）	150～200	100～150 或 200～250	>250 或 <100	
②年降水量（毫米）	1 200～1 800	800～1 200 或>1 800	500～800	<500

一、不可种植区

这些地区包括中国的西北北部、华北北部、东北全域以及青藏、蒙古、川西高原。这些地区因为气候的限制造成了地区辐射大、蒸发大、降水少的问题，同时无霜期小于200天等多种因素叠加，难以满足魔芋生长的需求，因此不可种植魔芋。

二、可过渡种植区

这些地区主要包括秦岭山脉和东南平原的丘陵地带，根据条件的不同，可以将其划分为三个亚区。

1. 黄河渭河流域及其南部平原、盆地、干热河谷地区不适合种植魔芋

这个区域包括黄河渭河流域、黄淮流域、四川盆地中部、长江中下游平原、岭南平原和云南贵州干热河谷地区。这些地区受气候的限制比较明显，年降水量小于1 200毫米，或无霜期小于240天，或7—8月气温高于40℃等多种原因，不适合种植魔芋。

2. 江淮、东南丘陵是次适宜种植亚区

江淮丘陵地区属于半湿润季风季候型，年降水量为800～1 200毫米，无霜期为200～240天，平均温度为12～16℃，极端天气时最高温度不超过42℃。东南丘陵包括江南丘陵和两广丘陵，属于典型的湿润气候型，年降水量为1 200～2 000毫米，年均气温为16～24℃，高于10℃的积温为5 000～9 000℃。江淮、东南丘陵地区有台风等极端天气的出现，人们可以利用丘陵地区的山地河谷、南北坡以及良好的植被和间作来改善小气候条件，从而适宜种植魔芋。

3. 秦巴山地是适宜种植的亚区

该地区包括秦岭以南、岷山大巴山以北、鄂西北山地。该地区的海拔为 400～1 000 米,高于 10℃的积温为 3 500～4 700℃,无霜期为 200～270 天,年降水量为 800～1 250 毫米。降水量分布比较均匀,但在 7—8 月可能会出现短暂的高温。最好选择低海拔、小于 35°的坡地种植魔芋。

三、适宜的魔芋种植地区

魔芋适宜种植的区域包括云南、贵州高原,四川盆地周围山区,岭南及周围山地。这些地区通常处在热带亚热带气候带中,并保持着连续的温、湿度条件。平均温度为 13.5～19.6℃,而高于 10℃的积温为 3 200～6 500℃。根据降水量和温度,这些地区可以划分为三个最适宜种植亚区。

1. 四川盆地周围山地

该地区包括广元、雅安、奉节、叙永等地。这些地方多由高山和陡坡组成,云雾缭绕,年平均气温为 13.5～14.5℃,年降水量为 1 100～1 500 毫米,7—8 月的最高气温不超过 35℃。该区域种植魔芋的历史悠久。

2. 云贵高原

该地区海拔相对较高,包括小平原、盆地、丘陵和山地等复杂地貌。东部地区的海拔为 800～1 200 米,夏季未见高温,冬季亦未见严寒,年降水量为 1 000～1 200 毫米,雨日及夜雨多,湿度大,光照较少。而西部地区的海拔为 1 500～2 000 米,不同季节干湿交替明显,降水量为 800～1 500 毫米。该地区植被茂密,能够提供适宜魔芋生长的环境条件。

3. 东南山地

该地区包括江南、岭南以及台湾等地。这些地区的海拔为 400～1 500 米,7—8 月的最高气温不超过 30℃,相对湿度大约为 85%,年降水量为 1 600～2 000 毫米。在这个区域,大部分魔芋的品种均能茁壮生长。

四、最适种植区

最适宜种植魔芋的地区包括雅鲁藏布江下游、云南南部的热带雨林以及海南等地。这些区域植被常绿，森林覆盖广泛，土层深厚松软，土壤富含有机质。年平均温度在 17.5～22℃，夏季最高气温不超过 40℃，连续高温时间较短，降水量为 1 200～1 600 毫米，空气湿润。上述条件使得这些地区成为魔芋的发源地之一，也是最适合种植魔芋的地区之一。

我国是魔芋的起源地之一，也是世界上最早开始开发魔芋的国家。魔芋分布范围广，包括东南丘陵、西北秦岭、大巴山、四川盆地、云贵高原、滇南以及台湾地区等。虽然无法考证魔芋的驯化种植具体开始时间，但可以通过古代文献得知其利用时间。我国很早就开始了魔芋的栽培和利用，是世界上最早开发利用魔芋的国家。魔芋在早期主要被用作药材，公元前 50 年的《名医别录》中就有魔芋的记载。据称梁朝陶弘景所著《本草经集注》中有 365 位本草中药来源于《名医别录》，其中包括一种名为由跋的药物，经后人研究，由跋可能就是今天的魔芋。

《蜀都赋》是一部记载四川地理、山川、植物、动物以及风土人情的著作，其中首次出现了魔芋的称呼，当时被称为蒟蒻。从此之后，文献对蒟蒻的记载就更加详细了。例如，宋朝的《嘉祐本草》中记载，江南吴中生蒟蒻，亦曰鬼芋，生平泽极多。明朝的《本草纲目》中记载，蒟蒻出蜀中，呼为鬼头，型寒、味平，入药可消肿去毒，主治痈疮、肿毒、瘰疬等症。

《中国植物志》记载，魔芋含有丰富的碳水化合物，热量低，蛋白质含量高于马铃薯和甘薯，微量元素丰富，还含有维生素 A、B 族维生素等，特别是葡甘聚糖含量丰富，具有减肥、降血压、降血糖、排毒通便、防癌补钙等功效。

随着人们生活水平的提高和健康意识的增强，越来越多的人开始重视魔芋的健康价值。魔芋的栽培技术也得到了进一步的提高和推广，为人们提供了大量的健康食品。总的来说，魔芋是一种非常有价值的作物，它在传统医学以及现代健康保健实践中都具有重要的地位。

中国是世界上最早开始栽培和利用魔芋的国家，其次是日本。根据日本著作《栽培植物的起源与传播》的记载，在钦明天皇时代，魔芋从中国传入朝鲜，再传入日本。当时，魔芋仅被用作医药用品，并没有大量的栽培记录。直到《本朝食鉴》中才有日本魔芋栽培和加工的记录，该书也是日本记录魔芋种植最早的文献资料。虽然亚洲的中南半岛是魔芋的起源地之一，但中南半岛国家对于魔芋的利用较少，直到 20 世纪才随着魔芋市场的不断壮大而逐渐开始大规模种植。

第二节　魔芋的栽培品种

我国魔芋资源十分丰富，分布范围广泛，主要分布在北纬20°—35°的陕西、四川、贵州、云南、湖南、湖北、广西、广东、安徽、福建、江西、浙江、江苏、上海和台湾等地。近年来，我国海南（北纬 18°—20°）也开始引进栽培少量魔芋。我国的魔芋资源分布规律大致是在平坦地带，随着纬度升高，魔芋的种类和数量逐渐减少；在垂直地带，则呈现双向递减的纺锤形趋势，种植区域的上限随着纬度的降低由东向西而递增，下限则随着纬度的降低而递减，也是由东向西而递增。据中国魔芋协会不完全统计，2020 年我国魔芋种植面积已经达到 206 万亩＊，并且近年魔芋在我国的种植面积还在快速增长。若按照种植面积进行省份排序，则云南、湖北、陕西、四川、重庆等地是种植魔芋最多的地区。目前我国主要栽培的魔芋品种有花魔芋、珠芽魔芋、白魔芋、田阳魔芋、西盟魔芋、疣柄魔芋、甜魔芋、滇魔芋等。

一、我国魔芋主栽品种

1. 花魔芋
花魔芋是一种在我国陕西、甘肃、宁夏、四川、贵州至江南各

＊亩为非法定计量单位。1 亩＝1/15 公顷。——编者注

省份都广泛种植的品种，是目前我国乃至世界上最大的魔芋主要栽培品种。在温暖湿润的区域，可以种植于林下、背坡、房前屋后和田边地角等地。花魔芋相比于其他魔芋更耐光照，在某些地方可不用遮阴而大面积种植。

花魔芋的球茎呈扁圆形，顶部中央多数下凹，呈现暗红褐色。长成后的花魔芋叶柄基部大约有 4 厘米宽，叶柄可长至 45～150 厘米，长有绿色和白色斑块。叶片为绿色，典型的三裂叶，小裂片互生，大小不等，基部的较小，向上逐渐变大，小裂片长 2～8 厘米，长圆状椭圆形，骤狭渐尖，基部宽楔形，外侧下延成翅状；侧脉多数，纤细，平行，近边缘连接为集合脉。花序柄长 50～70 厘米，粗 1.5～2 厘米，与叶柄颜色相同。佛焰苞形状为漏斗形，长 20～30 厘米。花魔芋的果实是成熟时呈黄绿色的球形或扁球形浆果，一般在 8—9 月成熟。

花魔芋的块茎是一种优质的食材，可以制成魔芋豆腐、魔芋面条等美食。在制作食品前，通常需要将花魔芋制作成干片，因为它含有 42.05％的淀粉，这种淀粉的膨胀力可大至 80～100 倍，具有较强的黏着力，可用作浆纱、造纸、瓷器或建筑等胶黏剂。同时它的块茎也是一种药材，能够解毒消肿、健胃、消除饱胀，治疗流火、疔疮、无名肿毒、瘰疬、眼睛蛇咬伤、烫火伤、间日疟、乳痈、腹中痞块、疔癀高烧、疝气等疾病。但需要注意的是，花魔芋全株都有毒，块茎尤其有毒，中毒后会出现舌头、喉咙灼热、痒痛、肿大等症状。民间常用醋加姜汁少许口服或含漱，可以缓解中毒症状。

2. 珠芽魔芋

珠芽魔芋是一种自然生长在沟谷雨林中的野生植物，其原产地为我国和缅甸边境地区，同时在孟加拉国、印度、泰国等地也能找到它的身影。珠芽魔芋因其具有抗病性强和多芽萌发的高产量特点而被广泛引入种植。在魔芋品种中，珠芽魔芋是最受欢迎的品种之一。

与其他种类的魔芋相比，珠芽魔芋的球茎近似球形，直径约为

8厘米，并在球茎上部密布着肉质根和纤维状分枝须根。叶柄长度可达150厘米，粗度约为3厘米，呈褐绿色光滑状，表层覆盖着白色斑块或线纹。叶片分为三裂叶片，并在叶柄顶端和分叉处生长出一枚大小不一的叶面种球，也被称作叶面果。在叶柄生长到3厘米左右时，叶片会进行第一次裂片，叶柄生长到20～30厘米时，开始分叉，接着叶片便进行第二次羽状分裂。小裂片长为4～6厘米、宽3～4厘米，呈卵圆形，而上部的小裂片则长为10～12厘米、宽6～7厘米，呈长圆披针形。所有的小裂片都长渐尖，基部宽楔形，外侧向下延伸。幼株在进行第一次裂片和1～2次分叉时，小裂片为长圆形，长10～13厘米、宽3～5厘米，骤狭具尾尖。每个小裂片的Ⅰ、Ⅱ级侧脉在表面下凹，背面稍凸，并呈弧形向边缘连接为集合脉。而Ⅲ级侧脉非常细小，其中密布着微小的网脉。

花序柄长为25～30厘米，粗度为0.5～1.5厘米，色泽为亮褐色，表面有灰色斑块。佛焰苞的形状近似倒钟形，长12～15厘米，展开宽度为10厘米，外层为粉红色带有绿色；内层基部为红色，先端为黄绿色；檐部为卵形，锐尖，上面有许多纵脉。子房为扁球形，花期大约在5月，果实成熟后为橙色浆果。

3. 疣柄魔芋

疣柄魔芋是一种在我国广泛栽培的植物，主要分布在广东、广西南部、云南南部至东南部的海拔750米以下的热带地区。它是一种饲料作物，常用作猪饲料，因其可催膘而受到青睐。此外，疣柄魔芋的块茎含有丰富的淀粉，也常用于工业胶黏剂的生产。疣柄魔芋的种球呈茎扁圆形，直径约20厘米。叶子单一，叶柄长50～80厘米，呈深绿色，叶柄具疣凸，粗糙不齐，常长有白色斑块。叶片为典型三全裂，裂片呈羽状深裂，小裂片呈长圆形、三角形或卵状三角形，骤尖，不等侧，下延，侧脉近平行，近边缘连接成集合脉。花柄呈短促圆柱形，长度约5厘米，粗约3厘米，花后增长，粗糙，具小疣。佛焰苞长约20厘米，卵形，外面绿色，饰以紫色条纹和绿白色斑块，内面具疣，深紫色，基部肉质，漏斗状。疣柄魔芋的果实为橘红色椭圆形浆果，果长3厘米左右，直径约2厘米，先端近截平，有圆形的黑色残存花柱，2 室，每室有种子 1 枚。花期为 4—5 月，果实成熟为 10—11 月。

4. 白魔芋

白魔芋是中国独有的品种，由著名魔芋学者刘佩瑛发现并命名。由于其肉质洁白，被称为白魔芋。它主要分布在中国四川盆地、云贵高原、湖南湖北等海拔 800～1 000 米的地区。与中国种植面积最大的花魔芋相比，白魔芋具有更轻的加工褐变反应、更强的耐软腐病能力以及比花魔芋高出 10% 的葡甘聚糖含量等显著优点，曾经风靡一时。然而，由于产量较低、适应性较差、分布区域较狭窄，白魔芋逐渐淡出人们的视线。

需要指出的是，白魔芋与花魔芋、珠芽魔芋等不同。白魔芋植株相对矮小，叶柄最长不超过 40 厘米，叶柄最粗不超过 2 厘米，呈绿色或红绿色，光滑，有微小的白色或草绿色斑块。块茎近圆球形，直径最大不超过 10 厘米，表面呈紫褐色，肉质洁白，这是白魔芋区别于其他魔芋的主要特征之一。白魔芋的叶片为三裂叶，第一次裂片长 5～40 厘米，小裂片形状与花魔芋相似。花序轴长 30 厘米，粗 0.5～2 厘米，色泽与叶柄相同。佛焰苞呈船形，长 12～15 厘米，基部席卷，管部长 1.5～2 厘米、宽 3～4 厘米，无斑块，淡绿色。佛焰苞稍长于肉穗花序，且外面不具白色斑点。白魔芋的果实呈椭圆形，初为淡绿色，成熟后为橘红色。花期为 4—6 月，果期为 7—9 月。

5. 滇魔芋

滇魔芋主要分布于我国广西西部，贵州南部，云南中部、西部和南部等 200～2 000 米海拔地区，常生长在山坡密林下、河谷疏林和荒地上。其地下茎肥大而粗壮，可供食用或药用。滇魔芋的种植区域不仅限于我国，还延伸至泰国北部。滇魔芋和其他魔芋相似，块茎为球形，其顶部下凹密布肉质须根，直径 4～7 厘米。叶柄可长达 1 米，并生长着绿白色斑块。叶片单生，全裂叶 3 枚，裂片二歧羽状分裂、直立平滑无毛，下小裂片长 5～7.5 厘米、宽 3～5.5 厘米、椭圆形或披针形，顶生小裂片较大，长 15～25 厘米、宽 5.5～7.5 厘米。花序柄 25～40 厘米，粗达 1 厘米，绿棕色，具绿白色斑块，鳞叶卵形，基部披针形到线形，最外侧长 4～5 厘米、宽约 4 厘米，内侧逐渐延长，可达 30 厘米，全部锐尖，膜质、绿色、具斑纹。佛焰苞干时膜质到纸质不等，长 15～18 厘米，多数呈舟状，直径 3～5 厘米，平展宽 7～11 厘米，卵形或披针状卵形，尖锐而稍弯曲，基部席卷，叶缘波状、绿色、具青白色斑。肉穗花序 6.8～9 厘米长，比佛焰苞短得多；雄花序长 1.5～4 厘米，白色圆柱形；附属器长 3.8～5 厘米、粗 1.6～2.5 厘米、乳白色或幼时呈绿白色近圆柱形。子房球形，柱头点状。4—5 月开花，果先绿后熟，浆果橙黄色。

6. 甜魔芋

甜魔芋是一种我国特有的可食用魔芋品种，在云南西双版纳、临沧、德宏等地均有种植。与其他魔芋不同，甜魔芋的球茎几乎不含葡甘聚糖和多甲基胺类物质，因此无法用于加工精粉，但可以在碱后制成魔芋豆腐。甜魔芋富含淀粉，具有芋头般的风味，带有甜味，不需要经过特殊处理即可直接煮熟食用，打破了"魔芋不可直接食用"的说法。此外，甜魔芋的适应性强、产量高、繁殖能力强，产量比花魔芋高。

7. 田阳魔芋

田阳魔芋是一种典型的黄魔芋，其植株形状和普通花魔芋基本相同，但球茎黄色，附属器表面上会出现皱痕，佛焰苞较大，肉穗花序小，果实蓝色，成熟后为橘红色，是我国首类黄魔芋群体的一个重要组成部分，葡甘聚糖含量比花魔芋的含量要低很多。

8. 西盟魔芋

类似于白魔芋，但植株高于白魔芋，球茎肉质呈黄色，与田阳魔芋同为黄魔芋。我国云南及泰国、缅甸等地都有分布。

二、我国特有原始型品种

除上述 8 大栽培品种外，我国尚有零星种植的有疏毛魔芋、南蛇棒、蛇枪头、天心壶、攸乐魔芋、台湾魔芋、硬毛魔芋、东川魔芋、灰斑魔芋、香港魔芋、白毛魔芋、梗序魔芋、野魔芋、湄公魔芋等 14 个原始型魔芋品种。其中有代表型的主要有 9 种。

1. 疏毛魔芋

以梳毛魔芋、伍花莲、蛇六谷、鬼蜡烛、魔芋、蛇头草等别名而闻名。疏毛魔芋与其他魔芋不同之处在于其附属器有毛，所以被称为毛魔芋。我国毛魔芋的典型代表品种包括疏毛魔芋、硬毛魔芋和白毛魔芋。我国江苏、浙江、福建地区广泛种植疏毛魔芋，这种魔芋通常生长在林下、灌丛中，或在房前屋后，属于没有大规模开发种植的品种之一。疏毛魔芋具有产量高、适应性强、品质好、用途广等特点，块茎具有药用价值，可用于治疗蛇虫咬伤、无名肿毒、流火、颈淋巴结核、癌肿、红斑型狼疮等疾病。疏毛魔芋球茎扁球形，直径 3~20 厘米。叶柄绿色，光滑，长达 1.5 米，有白色斑块；三裂叶，小裂片卵状椭圆形，渐尖头，长 6~10 厘米，宽 3~3.5 厘米。花序柄长 25~45 厘米，平滑、绿色、有白色斑块。佛焰苞 15~20 厘米，管部席卷，外表面绿色、具白色斑块，内表面暗青紫，边缘具杂色，基部具疣皱，两表面皆具白色圆形斑块。5 月开花，果熟时为红色浆果。

2. 南蛇棒

南蛇棒是生长于我国湖南、广西、广东以及沿海岛屿、云南东南部等地的一种魔芋，其生长环境通常位于海拔 220~800 米地区的林下。由于生长环境复杂多样，不同生境中所产出的球茎形状和大小各异。南蛇棒球茎扁球形，直径长 13 厘米，厚 8 厘米。在南方气候条件下生长良好，可作为一种优良的观赏花卉栽培。南蛇棒的球茎顶端呈现出扁平的形态，几乎没有任何凹陷，这也是区别于其他魔芋的主要特征之一。南蛇棒生长于湿润肥沃的土壤中，不耐旱。叶柄长 50~90 厘米、粗 1 厘米，绿白相间有暗色小块。叶片三全裂，小裂片互生，基生小裂片椭圆形。叶对生，卵状阔三角形至倒卵状阔三角形。花序柄长 23~60 厘米，与叶柄相同。佛焰苞呈绿色或浅绿白色卵形或椭圆形，干燥后膜质，长 12~26 厘米、宽 14 厘米，下部席卷，上部呈舟状展开，内表面基部呈紫色，其余呈黄绿色。开花期集中在春季的 3—4 月，而果实则在 7—8 月成熟，呈现出蓝色浆果的外观，而成熟后的种子则呈现出黑色。南蛇棒与滇魔芋较为相似，但也有明显区别，南蛇棒的肉穗花序的长度大约为佛焰苞的 3/4，附属器长 4.5～14 厘米；滇魔芋的肉穗花序长度仅为佛焰苞的 1/3～2/3，而其附属器长仅为 3.8～5 厘米。

3. 蛇枪头

蛇枪头是我国独有的魔芋品种，主要分布于广东和广西海拔 1 000 米地区。其球茎富含淀粉及多种人体所需微量元素，具有极高的食用价值和药用价值。蛇枪头块茎扁球形，厚 4.5 厘米左右。叶柄白色，长 60 厘米左右，厚 8 毫米左右，叶柄上有灰绿色斑点。叶片呈三裂状，互生排列，下部为斜卵形，长度为 1 厘米，末端逐渐变尖，中部和上部则为长圆形，而顶部的小裂片则长达 10～15 厘米，中部宽度为 3.5～4.5 厘米。佛焰苞成兜状，长 10 厘米左右，直径 4 厘米左右，基部席卷，下半部呈淡绿色、有淡灰色斑块，上半部呈浅绿色，内表面下半部呈深紫色。开花期集中在 4—5 月，果实在 9 月达到成熟状态，呈现出蓝色浆果的形态。

4. 攸乐魔芋

攸乐魔芋为中国独有的一种小型黄魔芋，外形酷似珠芽魔芋，但珠芽附着在叶片下面。球茎黑褐色圆形，直径 2.5～4.5 厘米。叶片三裂，小裂片长圆或倒卵状椭圆形，长 5～10 厘米，叶片中部与裂片叉开处具有直径 1～2 厘米的球形珠芽；叶柄圆筒形、绿色、无斑，长 20 厘米、粗 0.5～1 厘米。佛焰苞粉红色舟形，长 5～7 厘米，背面具白色斑块及暗绿色斑，基部具白色乳突。开花期在 6—8 月，而果实则在翌年 4—5 月成熟，呈现出蓝色的圆形浆果形态。

5. 台湾魔芋

台湾魔芋是我国台湾地区独有的魔芋品种之一，其球茎呈球形，直径约为 4 厘米，主要分布于台南和高雄地区。叶柄平滑，直径 45～60 厘米，顶生的小裂片长 9～13 厘米、宽 2.5 厘米。花序柄长 5～12 厘米。佛焰苞长 9～21 厘米，下半部席卷，内表

面基部有疣状凸起。佛焰苞的长度是肉穗花序的两倍，开花期在
5月。

6. 硬毛魔芋

硬毛魔芋为我国特有的毛魔芋品种之一，亦称密毛魔芋，主要
产于我国台湾高雄地区。硬毛魔芋的球茎呈球形，尖端中央生长着
放射状的根，无明显的叶。佛焰苞下部席卷为圆锥状，上开口，长
达6厘米，直径（基部）6厘米，基部钝形，上收缩，外淡绿色，
内表面深紫色有疣状突起。花期在6月。

7. 灰斑魔芋

灰斑魔芋是我国独有的魔芋品种之一，主要产于广东。叶柄密
被疣状突起，叶片三浅裂，叶片长度30～40厘米，叶片宽度20～
30厘米。佛焰苞呈斜钟形，中间略狭缩，直径约4厘米、长约17
厘米，边缘波状，狭缩部位上方外表面呈灰绿色，有直径2～3毫
米淡灰色斑块，边缘3～4厘米呈污青紫色；内表面下部1/3深紫
色且具粗疣凸，中间苍绿色，上表面污青紫，边缘榄绿色。

8. 白毛魔芋

白毛魔芋是我国独有的毛魔芋种类之一，主产于台湾地区。球
茎扁椭圆形，直径约10厘米。佛焰苞下部席卷，倒圆锥状或短圆
柱形，上部钟状伸展，管部粗厚、长6厘米、粗4厘米，基部及先
端稍窄，外表面绿，内表面暗紫色，密被疣突。每年在5月开花。

9. 梗序魔芋

梗序魔芋为我国独有的魔芋品种，主产于广东省。球茎圆形，
叶柄平滑淡绿色，有深绿色斑块，粗1厘米左右，长30厘米。叶
片三裂。佛焰苞长圆形，长12厘米左右，宽4厘米左右，略向内
凹陷，下部席卷，苍白色，内表面下半部分青紫色。

三、21 世纪以来，我国研发的新品种

2000年后，随着魔芋国际市场逐步扩大，中国作为魔芋起源
国、栽培面积最大的国家，逐步担负起增加魔芋产量的任务。随着
时间的推移，我国的魔芋育种专家在不断探索和研究中取得了一定

的成就，成功选育出了一批地方品种，这些品种性状优良，非常适合栽培，其中有代表型的有 5 个魔芋新品种。

1. 万源花魔芋

万源花魔芋是我国著名魔芋研究学者刘佩瑛及其团队从全国各地搜集的 12 个魔芋农家品种中筛选出来，经过 3 年的品种比较试验、区域试验和生产试验，获得的优良品种。该魔芋主要分布于我国四川盆地及周边海拔 500～1 300 米的地区，相较于其他魔芋，其生长势头强劲，且具有出色的抗软腐病和白绢病能力。其商品芋外观商品性良好，产量高，品质优良。万源花魔芋的叶柄上有粉底黑斑，球茎近圆形，表皮黄褐色，具黑褐色小斑，球茎内白色。出苗至成熟的时间约为 135 天，比一般花魔芋晚。葡甘聚糖含量59%，比一般花魔芋稍高。

2. 秦魔 1 号

秦魔 1 号是我国魔芋研究人员从花魔芋中经过多年的选育精选出来的魔芋新品种。该品种为紧凑型小魔芋，其 2 年生植株高度平均可达 65.5 厘米，叶柄高 39.4 厘米，叶柄直径 2 厘米，小叶长度为 41.4 厘米，球茎呈近乎完美的圆形，外表呈现出深沉的褐色，内部白色，其葡甘聚糖含量高达 58%，品质可谓上乘。适宜于秦巴山区海拔 700～1 200 米地区栽培。

3. 渝魔 1 号

渝魔 1 号是西南大学园艺园林学院利用云南富源县花魔芋栽培群体中的自然变异，经过连续 4 年的系统选育，筛选出性状稳定的新品种。该品种从萌芽到成熟，经过约 130 天的时间，展现出强劲的生长势头，叶片呈现出翠绿色，叶柄上有粉底黑斑的点缀。该植株为 3 年生，高度达 84.5 厘米，叶柄长达 45.7 厘米，直径为 2.5厘米，开张度高达 68.9 厘米。球茎呈近似圆形，外表呈黄褐色，表面点缀着黑褐色的小斑点，而球茎内部的组织则呈现出纯白色。渝魔 1 号魔芋所含的干物质比例为 22.2%，其中葡甘聚糖含量为60.2%，高于花魔芋。

4. 云芋 1 号

云芋 1 号是云南省农业科学院精选出来的一种新的花魔芋品种。其具有高产优质、抗病性强、适应性广等特点。该品种为 3 年生,植株高度为 104 厘米,叶柄长度为 81.7 厘米,直径为 4.43 厘米,叶片长度为 72.8 厘米。叶柄表面光滑,底色为浅绿色,带有绿褐色斑块。随着植株的生长,底色逐渐加深,呈现出深绿色,绿褐色斑块连片,整个叶柄则呈现出绿褐色。该魔芋的叶子呈现出 3 个完整的裂片,其面积较大,而小叶的末端则逐渐变尖。叶面粗糙不平,有光泽,球茎呈扁球形,其内部白色,表皮光滑,色泽深沉,脐部表面光滑平整。佛焰苞展开近椭圆形,长宽比为 1∶0.58。果实呈椭球状,成熟后呈橘红色。

5. 湘芋 1 号

湘芋 1 号是湖南农业大学选育出的珠芽类魔芋,其叶柄粗壮,叶展宽阔,多叶现象普遍存在,上部呈绿色,下部呈墨绿色,带有微微的黄点状纹,肉质光滑,高度可达 1.8 米,直径可达 8 厘米;复叶呈三裂状,其叶片直径可达 1.5 米。叶裂脉上生长着气生球茎(珠芽),这些球茎大小不一,从樱桃大小到鸡蛋大小不等,有的只有一枚,有的则多达十数枚,珠芽呈浅棕色,表面布满芽眼。球茎呈扁圆形,其顶部中央凹陷较深,且其肉质不定根密集分布于球茎的上半部,缺乏繁殖根(即芋鞭)。

除了上述 5 个魔芋新品种外,还有一些地方特色优良品种,例如:桂平魔芋(广西桂平)、清江花魔芋(湖北恩施)、巴东魔芋(湖北巴东)、竹溪魔芋(湖北竹溪)、大关魔芋(云南大关)、镇雄魔芋(云南镇雄)、福泉魔芋(贵州福泉)、绥江魔芋(云南绥江)、通江雪魔芋(四川通江)、金江白魔芋(云南永善)、雷山魔芋(贵州雷山)、峨眉山雪魔芋(四川峨眉山)、富源魔芋(云南富源)、彭水魔芋(重庆彭水)、北川花魔芋(四川北川)、金阳白魔芋(四川金阳)、巫山魔芋(重庆巫山)、安县魔芋(四川安县)、岚皋魔芋(陕西岚皋)。这些魔芋在当地适应性极强,是魔芋育种的良好材料。

第三节　魔芋产业发展现状

一、国内外发展现状

　　魔芋食品在世界多国被认为是有益健康食品，常常被用作肥胖、高血脂、高血压、糖尿病等疾病的辅助治疗。魔芋作为天南星科中的一种多年生植物，其地下球茎中含有大量的葡甘聚糖（konjac glucomannan，KGM）。这种葡甘聚糖与大麦、豆类、胡萝卜、柑橘、亚麻、燕麦和燕麦糠等食物中的水溶性纤维有所不同，魔芋中的纤维素属于可溶性半纤维素，是人体所需膳食纤维中的优品。

　　随着人们对魔芋中葡甘聚糖的深入研究，除了水溶性外，它还具有持水增稠、稳定、悬浮、胶凝、黏结、成膜等多种独特的理化性质，这些优秀的特性也给魔芋带来了更广泛的应用和开发价值。从目前的应用来看，魔芋葡甘聚糖已从最初的医疗、食品行业逐渐被广泛应用到农业和工业等方面。例如在农业中，葡甘聚糖可以开发作为绿色高端的天然果蔬保鲜剂使用，因为其具有与水溶解后形成凝胶状溶液的优良特性。果蔬经魔芋葡甘聚糖涂膜后可在表面形成一层无色透明的半透膜，能够有效阻止内外气体的自由交换和果蔬水分的蒸发，从而降低果蔬呼吸作用，起到果蔬保鲜的效果。另外，魔芋葡甘聚糖还可以用在动物饲料中，特别是水产动物的饲料，添加了魔芋葡甘聚糖的饲料具有稳定性好、促膘率高、入水不分解、养分流失少、能够在水中保持一定的硬度和弹性、大大提高饲料利用率等优良特点。

　　在医药中，魔芋的葡甘聚糖是一种很好的医疗保健品，它的膳食纤维有防治便秘、降血脂、降血糖、减肥健美等保健功效。除此之外，魔芋葡甘聚糖还可以制成凝胶用于止血促进伤口愈合、制作隐形眼镜和医疗光学制品，还可以添加到护理液中，起到较好的保护眼睛和隐形镜片作用。

在工业中，魔芋葡甘聚糖因具有良好的黏着性，常常被用于制作各种添加剂，用于纸制品、乳胶制品、橡胶制品、陶瓷制品和摄影胶片中。例如，可以用作石油钻井作业时的泥浆处理剂和压力液注入剂，生物工程所用的电泳分离胶，毛、麻、棉纱等纺织工业品的柔软剂，烟草制品和化妆品中香味的保香剂。除了以上功能外，还常常作为杀菌剂的包埋材料，用于废水处理，使杀菌剂缓慢释放；作为防尘剂，将其与碱和表面活性剂混合后喷洒在将要拆修的建筑物和道路表面，可起到防止施工中产生灰尘的作用；也可以作为细胞载体，经过化学修饰活化，可用于固定化酶或细胞的载体。

在食品中，魔芋葡甘聚糖的持水性、膨胀性、增稠性、凝胶性、乳化性、悬浮性、黏结性等特性均优于琼脂、卡拉胶、明胶等常用食品胶的特性，可以作为优质的食品添加剂制作低热量减肥食品。如可制成火腿肠、奶制品、饼干、果冻、豆腐、米线、面条、果汁等低热量的食品。

目前，世界上魔芋产业发展的两大重要国家均在亚洲，一个是中国，另一个是日本。据史料记载，我国是世界上最早栽培利用魔芋的国家，但我国魔芋产业的规模化发展却晚于日本。20 世纪 60 年代，随着日本经济的快速发展，日本政府对魔芋的科技研究和产业化发展方面给予了大力支持，日本一度成为国际上研究和利用魔芋最前沿的国家，魔芋产业在日本也成为一项新兴产业。我国魔芋的快速发展是因为 2001 年加入 WTO 后，国内生产与世界需求逐渐接轨，当时我国魔芋产业逐渐成为一项重要的出口创汇产业。虽然我国魔芋产业起步较晚，但很好地吸收了日本魔芋产业形成的经验，加之我国地域广阔，同时也是魔芋起源中心之一，以及魔芋资源丰富、劳动成本低等优点，我国魔芋产业得以快速发展。特别是 2011 年之后，日本因为自然灾害等原因造成魔芋精粉供应不足，但世界需求量居高不下，这直接刺激了我国科技界、商务部门和外贸公司对魔芋潜在价值和前景的重新认识，极大地促进了我国魔芋相关产业的发展。根据中国魔芋协会统计，目前我国的魔芋种植面积位居世界之首，占据世界魔芋市场的 2/3，魔芋加工产业也已经形成了种植、加工、成品的全产业链。相比之下，日本则因气候和地理位置限制等原因，魔芋产业的发展随着我国魔芋全产业链的健全逐渐萎缩，但从目前情况来看，日本仍是世界魔芋食品的消费大国，现在每年所需魔芋精粉大多由我国进口。

我国的魔芋产业大规模发展是从"十一五"期间 2006 年开始的，经过十多年的综合发展，我国的魔芋产业已经形成了一些知名科研院所，涌现出了一批优秀的魔芋育种学家，培育出了一批优良新品种。例如武汉大学、华中农业大学、云南农业大学、云南省农业科学院等科研单位先后选育出桂平魔芋、万源花魔芋、清江花魔芋、巴东魔芋、竹溪魔芋等 20 多个魔芋新品种。西南大学等利用生物育种技术，成功进行了魔芋外植体的组织离体培养，在魔芋组培良种快繁、微型试管芋诱导、器官发生、原生质体培养和转基因等研究方面取得了突破技术。中国热带农业科学院等利用组培快繁技术，熟练掌握了魔芋脱毒扩繁技术，攻克了魔芋传统繁种时间长、种芋带毒、品种品质退化的缺点。除此之外，我国的育种学家还利用转基因技术，成功从魔芋球茎中克隆 ADP-葡萄糖焦磷酸化酶的大亚基和小亚基的 cDNA 片段，掌握了促进魔芋葡甘聚糖的合成和抗软腐病害的初步机制，展开了魔芋抗病育种的新篇章。在魔芋标准化栽培方面，我国各地方农业科学院特别是湖北省宜昌市农业科学院、湖北省恩施土家族苗族自治州农业科学院、云南省丽江市农业科学院等研究单位也开展了大量的研究，先后出版《魔芋学》《魔芋抗病种植新技术》等一批魔芋科技著作，为魔芋的产业化发展提供了可靠的技术保障。

在精粉加工方面，我国拥有世界上仅有的魔芋全产业链，而且早已改用现代设备对魔芋进行深度加工，淘汰了添加石灰水和其他碱性物质对魔芋生物碱、三甲胺等有害物质进行脱毒的方法。特别是近 15 年，随着全球魔芋需求量的不断增加，我国魔芋全产业链逐渐完善，魔芋精粉加工设备功能逐渐多样化。特别是国内西北农林科技大学、陕西理工大学、华中科技大学、华西医科大学、北京化工研究院等一批科研机构的加入，推动了我国魔芋加工设备的不断完善，魔芋精粉的品质逐渐提高。目前，我国已经形成了涉及魔芋规模化种植、机械化脱水干燥、精粉和微粉及魔芋制品加工等组成的魔芋初级、中级加工产业链条，特别是魔芋精粉的生产，即葡甘聚糖的提取，在国际市场中占有重要地位。其次魔芋生物碱、魔芋黄酮、魔芋神经酰胺等魔芋的其他成分提取利用的研究成果也不断涌现。

目前我国的魔芋精粉加工主要有两种常见的提取方法：一种是技术要求低、操作简单、对设备依赖性小、投入成本相对较小的"干法"，通俗讲就是将切片干燥后的魔芋进行粉碎、研磨、筛选等技术操作分离出魔芋精粉的方法；另一种是技术要求较高、难度较大、对设备依赖度高、投入成本较高的"湿法"，即将新鲜的魔芋在酒精、硼酸盐、水等溶液中进行粉碎、研磨、分离、干燥后得到精粉的方法。这两种方法各有特色，从实际应用上来看，"干法"提取技术在国内魔芋加工企业普及较广，但缺点也很明显，例如干燥过程容易产生含硫废气，对环境污染程度大；切片厚度和干燥温度不均匀等问题容易导致魔芋切片干湿不均匀，焦片率、湿片率和黑心片率较高，精粉质量不稳定；精粉纯度低、黏度小、硫化物残留量高，在医药、饲料、食品加工等领域直接使用还需要二次加工。与"干法"相比，"湿法"就可以规避很多问题，通过"湿法"提取的魔芋精粉具有品质好、出品率高和可应用范围较广泛的优点，深受食品、医疗行业的喜爱。但这种方法技术、财力要求相对较高，迫使一些小的魔芋加工企业望而止步，特别是中小企业，这在一定程度上制约了我国魔芋产业的发展。所以，寻求更高质量的魔芋精粉加工技术和其他魔芋内含物的提取利用仍是今后的研究焦点。

在开发用途方面，因魔芋葡甘聚糖具有很好的持水性、膨胀性、增稠性、凝胶性、乳化性、悬浮性、黏结性等优良特性，常常被用于制作低热量的食品和保健品。目前在市面上，魔芋食品主要分为热可逆凝胶食品、热不可逆凝胶食品和魔芋食品添加剂食品三大类。热可逆凝胶食品常见的有魔芋丝、魔芋块、雷魔芋、魔芋豆腐等食品，这些食品具有形状类型丰富的显著特点。这类食品的主要原料就是魔芋精粉和水，一般比例为 1∶30～35，经过配料、搅拌糊化、凝固、精炼、定型等加工工艺制作而成，其口感、品质与魔芋精粉的质量和颜色有关，不同品种的魔芋精粉加工成的魔芋食品也有所不同，例如黄魔芋加工的食品是黄色的，白魔芋加工的食品是白色的。热不可逆凝胶食品在市面上主要有魔芋果冻、软糖等食品，这类食品主要是利用魔芋葡甘聚糖、白砂糖与卡拉胶等食品胶制作而成。热不可逆凝胶食品一般魔芋精粉与食品胶的使用量为 1∶16，通过配料、煮胶、杀菌、冷却等步骤，生产制作工艺简单，这类食品往往爽滑可口、香味浓郁，深受儿童的喜爱。魔芋食品添加剂食品主要是利用魔芋葡甘聚糖有增稠、乳化、黏结的特点，在食品生产中常被作为增稠剂、稳定剂或品质改良剂等食品添加剂应用到食品生产中制作而成，主要有魔芋面条、魔芋火腿肠、魔芋代脂肉、魔芋果汁、魔芋茶饮料等。这类食品往往口感光滑、肉质鲜嫩，制作工艺复杂，应用魔芋精粉比例较少。

二、珠芽魔芋发展历程与现状

珠芽魔芋［*Amorphophallus bulbifer*（Roxb.）Blume］，是一类种群名称，泛指叶片着生有珠芽的魔芋。它与普通魔芋相比最为明显的区别就是在叶片分叉处或小裂叶分裂处长有气生珠芽，这种气生珠芽可以当作下一年的繁殖材料，并且有一个珠芽能够萌发多株幼苗的现象。珠芽魔芋虽原产于我国云南边境热带雨林地区，但在我国栽培历史较短。珠芽魔芋的兴起主要是因为国际魔芋市场需求量不断扩大，国内花魔芋又因长期连作导致产量下降无法满足实际生产需求，而珠芽魔芋与花魔芋相比具有抗病性较好、耐热耐湿性强、生长周期长、适应性强、繁殖系数高、产量高、球茎品质高、加工品质优良等显著优点，所以逐渐走入大众视野。有企业和研究机构对珠芽魔芋精粉葡甘聚糖含量测评，结果发现其葡甘聚糖含量超过花魔芋葡甘聚糖含量的 15%～25%，被认为是花魔芋之后最有经济价值的一类魔芋品种。

珠芽魔芋在我国可以说是一个新的品种，大面积栽培利用的时间还不算太长，但在缅甸、泰国、印度尼西亚等国家有较长的生长历史。据我国学者张东华对泰国、缅甸、印度尼西亚等魔芋资源的调查研究，认为全球最丰富、最集中的珠芽魔芋资源分布在缅甸克钦邦境内的密支那、八莫两个地区。泰国与缅甸接壤的狭长地带也分布着丰富的珠芽魔芋资源，大约85％的资源分布在缅甸一侧、15％的资源分布在泰国一侧。据了解，缅甸虽然分布的珠芽魔芋资源较多，但长期处于一种野生半野生状态，基本没有成规模的商业化种植。泰国的珠芽魔芋产业比缅甸就要好很多了，由于泰国皇室的持续关注和推动，2016年泰国出台农业相应政策进行调控，对泰国境内的魔芋资源进行保护。泰国政策明文规定，在泰国从事魔芋采挖、种植的人必须要向国家相关部门报备，并得到国家相关部门的许可和当地村委会出具的同意证明才可以进行，违规者将被禁止从事魔芋行业。另外泰国的政策还规定，禁止鲜魔芋出口国外和禁止外资公司或外国人在泰国种植魔芋。

在加工利用方面，泰国湄索地区有几家较大的魔芋加工公司，如泰国联邦魔芋有限公司、亚洲富盛魔芋有限公司等企业。这些公司为了规避生产魔芋精粉的增值税，常常只将鲜魔芋制作成魔芋干片或初粉，所以这也大大限制了其在加工技术方面的发展。据了解，目前泰国的企业依然采用大作坊式土法加工办法，这种方法既浪费制作时间又造成魔芋干片硫化物超标，远不能达到日本及欧美国家的质量要求。所以这些初加工的魔芋产品几乎都从云南口岸销往我国，经我国企业二次脱硫加工制成魔芋精粉或魔芋食品销往世界各地。这在一定程度上也补充了我国生产魔芋产品所需的原始材料。缅甸虽然珠芽魔芋资源丰富，但一直未受到重视和保护，所以缅甸的魔芋加工企业远没有那么多，仅有几家魔芋加工企业集中在缅甸仰光附近。在缅甸因基础设施方面相对落后，珠芽魔芋等魔芋资源的加工及利用一般分为三种情况：一是制作魔芋糕（类似我国的魔芋豆腐）在缅甸国内零售，二是以土法烘干魔芋片或自然光晒干魔芋片出口日本，三是直接出口鲜魔芋等。

与泰国、缅甸相比，珠芽魔芋产业在我国发展的情况就不一样了。珠芽魔芋在我国受重视以来，一直得到企业和科研机构在驯化改良及加工方面的深入研究，并成功选育出适合不同区域、地方种植珠芽魔芋新品种，其中较为突出的有临芋系列新品种。随着珠芽魔芋产业化的发展，近些年我国湖北、四川、海南也及时引进珠芽魔芋进行试种栽培，并在湖北秦巴山区竹溪县、恩施鄂西二高山地区、四川遂宁射洪县、四川广元昭化区、海南儋州等地区成功引种种植。在珠芽魔芋繁殖方面，我国的中国热带农业科学院、西南大学等国内重点科研机构对珠芽魔芋组培快繁技术进行研究，利用珠芽魔芋带叶叶脉和珠芽魔芋芽鞘等外植体诱导，成功研发了珠芽魔芋快繁技术，经对比研究，繁殖系数可达 3～4 倍，生根率达100%，大田移植成活率可达 90% 以上。在精粉加工方面，我国魔芋加工技术持续改进，已经从传统的土法制粉工艺升级成机械式干燥和振动硫化床脱硫等现代工艺技术，魔芋加工过程中的"三废"排放也得到明显降低，熏硫护色工艺也已经达到国际先进标准，特别是已经能够满足医药等高端行业的需求。

参 考 文 献

陈欣，林丹黎，2009. 魔芋葡甘聚糖的性质，功能及应用 [J]. 重庆理工大学学报（自然科学版），23（7）：36-39.

陈永波，赵清华，2005. 魔芋试管苗批量生产过程中外植体消毒灭菌技术研究 [J]. 氨基酸和生物资源，27（3）：27-29.

陈永波，赵清华，滕建勋，等，2005. 正交试验优化花魔芋组织培养条件 [J]. 氨基酸和生物资源（2）：29-31.

陈运忠，2003. 魔芋胶（魔芋葡甘聚糖）在食品和食品添加剂工业中的应用 [J]. 食品工业科技，11（10）：34.

丁自立，万中义，矫振彪，等，2014. 魔芋软腐病研究进展和对策 [J]. 中国农学通报，30（4）：238-241.

何东保，彭学东，詹东风，2001. 卡拉胶与魔芋葡甘聚糖协同相互作用及其凝胶化的研究 [J]. 高分子材料科学与工程，17（2）：28-30.

何家庆，2001. 论我国魔芋资源产业化与可持续发展 [J]. 湖北民族学院学报

（自然科学版），19（1）：5.

胡建斌，柳俊，2008. 魔芋属植物组织培养与遗传转化研究进展［J］. 植物学报（1）：14-19.

胡建斌，柳俊，严华兵，等，2004. 魔芋不同类型愈伤组织及分化能力研究［J］. 华中农业大学学报（6）：654-658.

胡敏，谢笔钧，孙颉，等，2000. 魔芋飞粉异味成分的去除及魔芋干燥剂的研制［J］. 精细化工，17（6）：339-342.

黄俊斌，邱仁胜，赵纯森，等，1999. 魔芋软腐病病原菌的鉴定及生物学特性初步研究［J］. 华中农业大学学报（5）：413-415.

黄远新，何凤发，张盛林，2003. 魔芋组织培养与快繁技术研究［J］. 西南农业大学学报（自然科学版），25（4）：309-312.

李志孝，华苏明，1989. 魔芋研究的现状［J］. 甘肃中医学院学报（1）：56-58.

刘桂敏，2004. 魔芋的药用价值［J］. 中草药，35（8）：15-16.

刘金龙，李维群，吕世安，等，2004. 魔芋新品种——清江花魔芋［J］. 园艺学报，31（6）：839-839.

刘佩瑛，陈劲枫，1994. 魔芋属一新种［J］. 西南农业大学学报（1）.

刘树兴，陈明，刘丽，等，2002. 复合魔芋胶果冻的研制［J］. 食品科技（10）：30-32.

龙德清，刘传银，朱圣平，2003. 魔芋的开发利用与研究进展［J］. 食品科技（11）：19-21.

罗清楠，赵国华，庞杰，等，2011. 魔芋葡甘聚糖研究进展［J］. 食品与发酵工业（6）：141-144，149.

马林，张玲，李卫锋，2003. 影响魔芋愈伤组织形成的几个因素［J］. 广西植物（6）：553-557.

潘思轶，王可兴，杨东旭，2004. 魔芋涂膜保鲜冷却肉研究［J］. 食品科学（8）：177-180.

庞杰，孙远明，龚加顺，等，2000. 魔芋葡甘露聚糖的分离纯化方法综述［J］. 江西农业大学学报，22（3）：469.

庞杰，张盛林，刘佩瑛，等，2001. 中国魔芋资源的研究［J］. 资源科学，23（5）：87-89.

万佐玺，易咏梅，杨兰芳，等，2005. 土壤施硒对魔芋含硒量与吸硒特性的影响［J］. 华中农业大学学报，24（4）：359-363.

王任翔，薛跃规，2003. 魔芋研究概况及开发前景 [J]. 南方园艺（1）.

王少南，2004. 魔芋及其病害研究进展 [J]. 广西农业科学，35（1）：68-70.

王贞富，王可，1990. 国内外魔芋的开发与利用 [J]. 食品与机械（2）：4-7.

尉芹，马希汉，1997. 改性魔芋葡甘聚糖对葡萄等保鲜效果的研究 [J]. 西北林学院学报（4）：72-75.

尉芹，马希汉，1998. 魔芋开发利用研究综述 [J]. 西北林学院学报（3）：62.

吴金平，顾玉成，万进，等，2005. 魔芋抗软腐病突变体筛选的初步研究 [J]. 华中农业大学学报，5（5）：448-450.

谢世清，张发春，彭凤梅，等，2001. 云南高原魔芋生产现状分析 [J]. 北方园艺（2）：30-32.

谢世清，赵庆云，2000. 云南高原魔芋综合配套高产技术 [J]. 长江蔬菜（6）：10-12.

阎华，汪志强，刘慧宏，2006. 三种魔芋精粉提纯方法的比较 [J]. 湖北农业科学（3）：375-376.

张东华，张润芳，刘云辉，等，1998. 魔芋水晶软糖生产工艺研究 [J]. 食品科学（10）：41-44.

张盛林，刘佩瑛，1999. 中国魔芋资源和开发利用方案 [J]. 西南农业大学学报，21（3）：215-219.

张盛林，刘佩瑛，孙远明，等，1998. 魔芋属种间杂交技术研究 [J]. 西南农业大学学报（3）：219-222.

张盛林，张甫生，钟耕，2013. 魔芋加工中二氧化硫使用的必要性研究 [J]. 农产品质量与安全（1）：60-62.

张盛林，郑莲姬，钟耕，2007. 花魔芋和白魔芋褐变机理及褐变抑制研究 [J]. 农业工程学报，23（2）：207-212.

张兴国，1988. 魔芋组织培养的研究 [J]. 西南农业大学学报（3）.

张玉进，张兴国，刘佩瑛，等，2001. 魔芋种质资源的 RAPD 分析 [J]. 西南大学学报（自然科学版），23（5）：418-421.

张征兰，黄连超，金聿，1986. 魔芋组织培养与植株再生的研究 [J]. 华中农业大学学报（3）：16-19.

张忠良，王照利，吴万兴，2004. 魔芋中总生物碱提取试验 [J]. 食品工业科技（9）：101.

赵蕾，刘佩瑛，1987. 魔芋的胚胎学研究 [J]. 西南农业大学学报（2）：

　86-91.

赵青华，陈永波，杨朝柱，等，2009. 魔芋开放式组织培养技术初探 [J]. 氨
　基酸和生物资源，31（4）：79-82.

钟刚琼，盛德贤，滕建勋，等，2005. 魔芋食品的开发利用与研究进展 [J].
　食品研究与开发，26（1）：106-108.

朱春华，李进学，吕生，等，2009. 番茄、黄瓜的魔芋多糖涂膜保鲜研究
　[J]. 西南农业学报（3）：767-772.

第二章

株芽魔芋的生物学特性及形态特征

第一节　生物学特性

珠芽魔芋为天南星科魔芋属植物中较为常见的魔芋之一，起源于东半球热带雨林及亚热带季风林区，为森林系统下层植被的重要组成部分。其生长特点是喜温暖、湿润，耐阴湿，不耐强光照射，在我国主要见于中缅边境沟谷雨林。近年来，随着魔芋制品需求量的大幅度增长，花魔芋主栽品种及其他品种病害较重，产量已不能满足人们的需要。珠芽魔芋与主栽品种相比，具有质量好、抗病性强、不容易被软腐病等病菌侵染等优点，深受种植者的喜爱。它的直径为5～8厘米，叶柄长达120厘米，粗达1.5～3厘米。叶绿色，背浅绿色，三裂，叶柄分叉处长一个珠芽。有三个突出的优点：①株型较高（三倍体基因），品质好，产量高；②抗病耐病力较强；③叶柄长，叶面果多，繁殖系数大。

生长环境条件

1. 温度要求

相对于花魔芋、白魔芋这些国内传统主栽品种而言，珠芽魔芋原本生长于中缅边境暖湿热带雨林环境，对温度要求比较高，表现出耐高温、不耐低温生长特性。通常当日平均气温稳定在15℃及以上，相对湿度为70%～80%，累积时间为15天时，球茎即可发芽生根；20～35℃时植株都能生长发育，气温为30℃时地面植株的生长速度最快、地下块茎的膨大率也最高。如果生长期气温在

40℃以上，就有可能导致日灼病的发生，使植株长势变慢，甚至枯死。如果生长期气温在10℃以下，可使植株叶片掉落枯死，地下球茎休眠。珠芽魔芋球茎贮藏适温是10℃，在15℃以上时球茎打破休眠而进入萌芽阶段，在0℃以下时球茎冻结而细胞组织受到破坏。海南岛位于热带的北部边缘，属于热带季风型气候，夏长冬短，年均气温22.5~25.6℃。从地理位置来看，海南地处北纬18°—20°，理论上海南引种珠芽魔芋较西双版纳具有较大的气候优势。

2. 光照要求

珍珠芽魔芋属半阴型植物，光饱和点较低，为（2~2.3）×10^4勒克斯，光补偿点为$0.2×10^4$勒克斯，喜散射光，忌强光直射。强光直射可造成叶面灼伤、干枯和卷缩，长期强光直射可导致叶面细胞受损和组织坏死，极大地影响了植株的正常发育，并可能发生地上植株枯死。但不能长时间光照过弱，若长时间光照不充足，则会削弱地上部光合作用，从而影响干物质积累及球茎的膨大，使其很难获得丰产。有学者经过间作研究发现，珠芽魔芋的光照需求并非一成不变，对珠芽魔芋每天早、中、晚3个时段光照需求的调查结果表明：正午光合速率最大，早晚净光合速率等级相当。在不同月份间的净光合速率变化上，珠芽魔芋对光照的需求也表现出规律性变化。学者们经过系统研究发现，在珠芽魔芋整个生活周期中7月对光的需求最大且最为敏感，若这一阶段光照不足将影响植株的正常生长和发育，给后期块根膨大带来不可逆转的损失。

此外，研究还发现珠芽魔芋生活周期内光照因素不仅对块根膨大有影响，而且对植株病害也有直接作用。有学者研究发现珠芽魔芋在阳光下充分暴露后，第一、二、三年栽培期间植株枯死率分别为50%、55%和60%，但在25%、50%和75%遮阴程度下没有观察到叶片日灼或者植株整体损伤的情况。珠芽魔芋球茎的生物产量在没有遮阴的环境中最低，地下球茎的个头也随遮阴程度的增大而增大，75%时达到最大值，以后球茎将随遮阴程度的进一步提高而发生生物产量降低的现象。经研究最后得出结论，珠芽魔芋最宜日照时长为9~10个小时，日照小于9个小时会影响珠芽魔芋球茎光合产物积累。

3. 水分要求

珠芽魔芋原生在热带雨林中，比较喜欢湿润的环境，也具有一定的耐旱能力，在短期内（5 天）水淹或干旱对珠芽魔芋球茎不产生影响，尤其种球最抗旱。珠芽魔芋块茎含水量较高，球茎萌芽期可完全靠球茎贮藏的水萌发生根。当球茎生根时，珠芽魔芋需水量也会逐渐增加，此时将出现对水分需求的临界期。根据研究发现，生长初期及球茎膨大期适宜的土壤相对含水量为 75%；生长中后期要适当控水，土壤含水量以 60%左右为宜。尤其是球茎膨大期，若得不到足够的水分供应，会使根系吸收作用下降甚至枯死，影响根系从土壤中吸收各种营养，使叶片变黄、叶柄干枯，后期土壤含水量再高，也无法弥补因缺水而造成的减产损失。同样，若这个时期水分太高，也会影响根部呼吸作用而引起病害，导致球茎腐烂。水分缺乏除对球茎影响很大外，对珠芽魔芋花期同样有很大影响。若珠芽魔芋盛花期空气湿度小于 80%，珠芽魔芋当年就不开花或结实率低。因此，珠芽魔芋生长期间要及时观测土壤中的相对水分含量及空气中的相对湿度，并及时灌溉。

4. 土壤和养分要求

土壤是珠芽魔芋生长发育的基础，对其生长至关重要。土壤为珠芽魔芋的生长提供了水分、营养、空气以及温度等条件。土壤瘠薄，直接影响珠芽魔芋根茎、叶面果膨大及叶片发育。珠芽魔芋喜深而疏松、肥沃且有机质含量丰富的微酸沙壤土。最适 pH 是6.5，太酸、太碱均不利于珠芽魔芋的生长，可诱发软腐病，导致营养元素缺乏。珠芽魔芋为浅根系喜肥作物，整个生育时期都需要从土壤中吸收氮、磷、钾等营养元素。钾肥的吸收量最大，氮肥其次，磷肥最小。钾肥直接作用于珠芽魔芋地下球茎膨大、叶面果增产、植株抗病能力加强及耐贮存性提高等方面，能增加球内葡甘聚糖合成及贮存量。钾为改善球茎品质所必需的营养元素。一般定植后 80 天吸收钾最多，直至块茎膨大期。氮是珠芽魔芋所需的第二大元素，它在地上部叶的生长中起着尤为重要的作用，吸收量与叶面积呈正相关。因此，珠芽魔芋生长期需要增加氮肥施用量。但不可过多施用氮肥，避免植株地上部徒长而影响球茎的膨大。一般在块茎进入膨大期前增施氮肥，进入膨大期后应减少氮肥施用量。磷主要参与珠芽魔芋生长全过程的代谢，并向植株提供营养物质的转化能量和促进块茎扩展。磷缺乏，直接影响块根膨大速率。

在实践中，珠芽魔芋生长过程为先长出根叶营养体后块茎膨大累积养分。因此，基肥的施用量应以磷、钾肥为主，氮肥次之。从而确保前期有足够的肥料，使珠芽魔芋长出好叶子、长出好根系。后期施用磷、钾肥，有利于块茎的膨大。种植过程中，要按照"重施底肥、早施追肥、适当补施、防止早衰、不缺不施肥"的原则进行。另外，珠芽魔芋是忌氯作物，因此应尽量避免使用含氯化肥。

第二节　形态特征

目前栽培的珠芽魔芋是一种繁殖方式独特的野生驯化魔芋种，属大型魔芋，叶部有叶面果，球茎有多苗同体、多苗异体现象。球茎扁球形，无短匍茎、窝较深，表皮是褐色或灰黑色的，里面的肉质有白色、浅黄色或淡粉色等。叶单生，叶柄多为暗绿色或黑褐色，有少许苍白色的斑块或者墨绿色的斑纹，平滑，肉质。小叶片呈长椭圆形，颜色暗绿色。叶生长初期，外围为一圈白或粉红的边，阳光充足时颜色鲜艳。珠芽魔芋花包括花葶、肉穗花序及佛焰苞，裸花，雌性花珠沿花序轴螺旋排列。顶芽为红色的花芽，佛焰苞在开花时很宽，呈宽卵形或长圆形如马蹄莲花，佛焰苞的外表皮粉红色，而下部略呈灰绿色，内侧表皮深粉红色，越往上色越淡，最上层则为白色；肉穗花序较佛焰苞缩短或同样长度，或具梗或不具梗；雌花盛开后有浓烈臭味。

一、器官特征

1. 根

珠芽魔芋根系与白魔芋、花魔芋等魔芋根系一样，均属须根系不定根，通常球茎种植 15 天左右就能发芽生根，新生根系基本上都集中于顶芽附近，由球茎顶芽部分薄壁细胞分生形成。具有根冠，根冠向外伸展成肉质弦状不定根并在其上分化出对称生长的须根和根毛。珠芽魔芋根系较浅，根最长达 30 厘米，在土表以下约 10 厘米范围内水平分布。珠芽魔芋通常是在当年生长期头 4～5 个月根量迅速增加，这种根系根毛比较发达，根系空气通道小、脆弱易断，因此这段时间如果遇到天气干燥，导致土壤板结、土壤疏松性较差等现象，极易引起根系断裂而影响生长。生长到 8 月以后，球茎近于成熟，根长明显变弱，弦状根先衰亡，近球茎端变褐萎蔫，随后须根开始萎蔫，弦状根基部形成离层，从球茎上剥离下来。

2. 茎

珠芽魔芋茎同其他种类魔芋茎一样，都是在叶、根、花果生长周期末期萎蔫死亡之后继续生长，贮存营养物质，孕育根、叶、花、果实再生的重要器官。而珠芽魔芋与花魔芋、白魔芋等魔芋有明显区别，除具有地下肉质球茎及球茎上生长的根状茎外，珠芽魔芋植株的叶面还具有气生叶面球茎。

（1）地下球茎 地下球茎与其他魔芋相似，均分为叶芽球茎与花芽球茎，通常 1～3 年生球茎即叶芽球茎，4 年生球茎即花芽球茎，这两种球茎除花蕾形态结构、种植后生长发育等方面存在差异外，其他特征均无差异。肉质球茎顶端有一个凹陷芽窝，里面长出密集芽，以后发育为根状茎及不定根。从芽窝到肉质球茎底端芽的数量逐渐减少，在其基部（少数在侧面）长有残留脐痕，即种球茎分离的痕迹。不同龄期珠芽魔芋球茎均具有以上基本特性，而当肉质球茎随生长时间增加逐渐从圆形向扁圆形转变时，以上基本特性表现逐渐显著。这种地下肉质球茎一般只生长一个顶芽，位于球茎顶部中央，由一个腋芽及 8～12 枚鳞片所包绕的叶芽组成。以后叶芽分化生长为粗壮叶柄，复叶多级分裂。腋芽能分化发芽成球茎分枝，也就是根状茎，一般 2 年生块茎才能发芽形成根状茎。根状茎一般与球茎的容积及栽培年限有关，根状茎还生长有节部及侧芽等，还可作播种繁殖材料。

（2）叶面气生球茎　珠芽魔芋植株叶面上长有大小不等的褐色扁球形茎，俗称叶面果，这是珠芽魔芋特有的气生球茎，是珠芽魔芋扩大繁殖规模的主要材料。一般每株可长 4～30 粒叶面果，在海南最多一株可生长 78 粒叶面果。该叶面果具有数个主芽，可发育成多株幼苗，打破地下球茎单苗现象，显著提高珠芽魔芋叶面积指数及生物产量，繁殖速率快。一些学者对此进行了研究，结果表明：叶面果生长势比地下球茎生长势大，膨大倍数比地下球茎大 20 倍左右，亩用种量只有地下球茎重量的 1/15～1/2。此外，利用化学药剂进行株高抑制，同时辅之以高钾复合肥，能促进叶面果膨大，增加株数，使珠芽魔芋繁殖系数明显提高。由于叶面果比地下球茎便宜，便于贮运，因此生产中还经常用作下一年度繁殖材料。

3. 叶

珠芽魔芋叶片分鳞片和复叶两种形态，均为地下肉质块茎顶芽长出。鳞片叶形似指状，先端尖，由数枚鳞片叶片包裹在复叶叶柄或花序柄基部，对叶柄或花序起重要的保护作用，属于典型的不完全叶。播种后约 30 天，叶柄从鳞状叶中抽出，鳞状叶陆续干枯丧失功能。一般珠芽魔芋的地下球茎当年只长出 1 个叶柄，即 1 片复叶，也有因叶片损伤后，从叶柄基部长出第二片叶的现象，但叶很小，很难替代受损叶片。但叶面果通常当年能抽 1～6 柄，也就是 1～6 叶。珠芽魔芋复叶为完全叶，叶面积大，叶柄空心，长 120 厘米，直立，表面平滑，叶柄多呈绿色或灰褐色，上面散生白色斑块，当叶片充分展开时，叶柄三分叉处长着一个大小不等的叶面果。叶片一般为三全裂，裂片羽状或第二次羽状分裂，或经过二歧分裂再次羽状分裂，小裂片稍长圆形且锐尖，基部下延和叶轴连接成翅状，全缘有叶迹，长 4～14 厘米、宽 2～6 厘米。整个叶片栅栏组织细胞间隙大，叶肉组织具有大直径叶绿细胞，是典型的阴生植物的叶结构特征。

叶片作为珠芽魔芋肉质球茎膨大的主要营养物质，其数量及叶面积指数对地下肉质球茎及叶面果扩展有直接的影响。球茎在不同年龄抽生出不同的叶，自繁殖第一年开始，叶分裂方式随球茎年龄增长而有规律地发生变化，通常 4 年后叶形趋于稳定，小叶数、叶面积和叶柄、叶长随年龄增长而增大。另外，珠芽魔芋与其他魔芋不同，有多叶连续生长现象，即第一苗出土后未经"换头"即可持续长出第二苗、第三苗，若环境条件许可，甚至可以生长出更多的后续植株，为同一个地下球茎的膨大积累生物产量。珠芽魔芋这一不经过"换头"就可以萌发多苗的独特生长方式，不但使珠芽魔芋降低了感染病菌或细菌的风险，还可以提升植株叶面积指数和光合作用效率。

4. 花

一般情况下，珠芽魔芋植株只长叶子不开花或只开花不长叶子，存在"花叶不相见"的现象。据研究发现，这是由于珠芽魔芋在开花、授粉、结实等过程中要消耗大量营养物质所致，所以一般需要经过 4 年以上生长时间积累大量营养物质，为球茎开花做营养准备。珠芽魔芋的花为无花被的裸花，严格说来，它只是一个花序，并不开花。珠芽魔芋的花又属虫媒花，雌雄同体，花序外有大型苞片包围，呈漏斗状，故又称佛焰花。佛焰花由佛焰苞、肉穗花序、花葶等组成，花在花序轴上呈螺旋状排列，是较为原始构造的花。

佛焰苞一般呈长圆形喇叭状排列，大多深紫色，底部漏斗形或钟状，席卷，里面下部多疣或具线形凸起，檐部稍展开，开花后凋萎脱落或宿存。佛焰苞内着生的肉穗花序通常比佛焰苞的要长，附属器生于最上层，雄花序生于肉穗花序的中间部位，雌花生于肉穗花序下侧。附属器形如圆锥形，可增粗或延长，大多可伸出佛焰苞。雄花的花丝粗而短，上面着生花药。药室倒卵状椭圆形，室孔顶，常两孔交汇形成横裂缝。花粉球状、量大。雌花排列整齐，花柱短小，柱头裂开，具心皮，子房倒卵形，内着生一倒生胚珠。珠芽魔芋花是雌花先熟类型，雌花受精时间较短，一般在雄花开后，雌花已经失去了授粉能力，因此珠芽魔芋也是异花授粉植物。花葶对整个花序起着支持及养分输送的作用，它是佛焰花、肉穗花序及球茎之间唯一的联系通道。珠芽魔芋开花时与其他魔芋相似，能通过附属器放出臭味气体来吸引腐食类昆虫授粉。

5. 果实和种子

珠芽魔芋果实是浆果，椭圆形，初呈绿色，熟后呈橘红色，每株大约可结果 800 个。就植物学特征而言，这类果实的"种子"并非真种子，只是球茎。一些学者对此"种子"进行了研究，发现每个浆果中都可能含有 1～4 粒此类"种子"。对胚胎的研究发现，珠芽魔芋的种子在双受精后，合子发育成胚，极核发育成胚乳。株孔端的芽进而发育成球茎原始体，表面细胞分化形成叠生木栓取代珠被，形成硬壳。在此过程中胚乳中的养料经块茎吸收利用后即消失，无法形成子叶、胚芽及胚根等器官。此后，块茎进一步发育形成顶芽及侧芽。成熟后，这种小球茎的千粒重可达 0.25 克，第二年可作为播种材料进行繁殖。

二、生长发育过程

珠芽魔芋为多年生草本，能用种子、地下球茎及叶面果的组织器官繁殖。通常每年栽培 1 次，气温在 15℃ 以下时植株地上部分发生倒苗、萎蔫枯死，叶片与地下球茎脱离。为防止地下球茎在叶片分离后腐烂，有效减少第二年病害的发生，故通常是当年栽培当年收获。当年收获珠芽魔芋球茎第二年栽培时，为提高发芽率需晾晒一段时间，以保证打破球茎休眠。球茎播种后 15 天左右，从球茎顶端凹陷处长出新根，顶芽继续发育长成叶芽（4 年生以上球茎长出花芽），叶片展开后在叶柄分叉处长出叶面果，紧靠顶芽几节上的芽分化成苞叶，出土后包围叶柄基部，而远离顶芽的节上没有鳞片，节上的芽可能形成根状茎，这样便形成当年地上部和地下部均完整的植株。

珠芽魔芋种芋从播种、萌芽、出土、展叶、长叶面果、倒苗、休眠到种芋的生长与休眠的过程，称为魔芋的生长周期。根据魔芋生长的全过程，将其生长周期分为幼苗期、换头期、块茎膨大期、块茎成熟期和块茎休眠期。

1. 幼苗期

珠芽魔芋的幼苗期大约为 60 天,此期会出现一个种芋长出多苗的现象,幼苗期长短主要受种芋品质及生长期环境条件等因素的影响,而多苗生长则主要受种芋芽眼数量的影响。幼苗期由发芽、生根和展叶三个生长阶段组成,指种芋栽植以后,所含的营养物质被快速分解以满足生长需要,促进发根、萌芽及新球茎形成、叶芽出土并有一定生长的时期。

待种芋种植后,腋芽凹陷处就开始向外伸展长不定根了,这个时期根系新陈代谢比较旺盛,新根大量萌发,根冠迅速形成。被鳞片包被的叶芽也从其中涌出,并形成 1 个或数个不断生长的粗壮叶柄、复叶等,这个时期叶片的状况可直接影响植株苗期的生长和后期产量形成。发芽初期叶片抽出展开速度较慢,中期极快,此后进入开展期,10~30 天充分平展。此期叶片生长主要经过出叶、开叶、展叶三个阶段,可分为五种常见类型:①叶片开展度大,近乎平面,叶芽膨胀伸长很好,小裂片从叶芽顶端开始逐渐扩展,至开叶二期呈高 T 形,称"T"字扩展类。这种展开型就是丰产型珠芽魔芋所表现出来的一个标志特征。②叶片较壮实,展开顺利,但小叶柄张开不整齐,到第二期不呈高 T 形,而成漏斗状,此类称为漏斗状展开类。这种展开类型就是平产型珠芽魔芋所具有的特点。③小裂片随着小叶柄张开下垂成伞状,小裂片展开较晚,至完叶期也不能充分展开,叶面积较少,这种称伞状展开类。这一特点是减产早期症状,如果此期伴有叶片变黄等情况,则可能是因为缺乏营养所致。④全株表现为萎缩状,由于展开速度慢且迟,小叶虽伸展但萎缩,小裂片不展开,没有叶绿素,此类展开类型称为萎缩展开类。这是低产型珠芽魔芋的特征。⑤叶片展开极为缓慢,甚至无法展开,随生育进程而倒伏枯死较多,此类属患病展开类,要及时拔除。

2. 换头期

经过苗期生长,地下部分的根冠基本形成,地上部分的叶片逐渐展开,光合速率逐渐增大,此时叶片光合产物和种芋球茎一起为后续的生长提供能量。由于珠芽魔芋球茎存在多苗生长现象，当第一片叶和种芋球茎一起积累到足够的能量时，就会刺激多叶的发生。当叶片完全展开并能够进行光合作用积累能量时，叶柄分叉处会生长出膨大的气生球茎（叶面果），同时在叶柄基部紧贴着种芋开始膨大形成新的球茎。当新的球茎形成后，种芋母茎的营养成分几乎全部消耗殆尽，从而完成了新旧块根的交替，这一过程被称为珠芽魔芋的"换头"现象。换头期前后共需 90～120 天，一般在 7 月末、8 月初结束，换头后植株进入生长旺盛时期。

3. 块茎膨大期

在换头期结束后，新的块茎和叶柄分叉处的叶面果迅速膨大叶片光合速率达到最高，光合产物大量转移积累到新的块茎和叶面果中，从而促使块茎和叶面果快速膨大，此时期可持续 45 天。块茎膨大期也是决定珠芽魔芋产量和品质的关键时期，此时期如果缺水缺肥则会造成不可逆的影响，所以在此时期可以施用适量的钾肥来补充养分。换头后，还有一个快速增长的器官，即根状茎，根状茎一般多发生在 2 年生以上球茎上。随着时间的推移，球茎内的营养物质逐渐积累，球茎中上部的腋芽逐渐形成侧枝，并在土壤中以平行伸长的方式生长，最终形成根状茎。根状茎的形成可直接促使球茎干物质量的增长。

4. 块茎成熟期

大约在 11 月之后，随着日平均气温的逐渐下降，外界环境基本不能满足植株正常生长，地上部分的叶面果逐渐脱落，叶片枯萎、叶柄倒伏，块茎逐渐成熟而不再膨大，这一过程被称为块茎的成熟期。此时要加强对球根和地下部分的管理，以确保块茎在整个生育期内安全越冬。珠芽魔芋的块茎不耐低温，当气温降至 0℃ 以下时，块茎就会出现冻害丧失发芽能力。当气温低于 10℃ 时，休眠时间大大延长。一般情况下，结球期至收获期之间的天数越长，块茎成熟度越高，品质越优。因此，在海南中部气温波动较大的山区进行块茎种植时，必须及时进行挖掘和采收，以确保作物的生长和发育。如果当年的块茎尺寸较小，无法进行挖掘和采收，那么就

需要进行一系列保温措施，例如铺膜和覆盖，以确保作物的健康
生长。

5. 块茎休眠期

在球种收获后，顶芽进入一段相对静止的生理性休眠期，即使
提供了适宜的温、湿度等生长条件，块茎也无法在此期间萌芽并生
根。因此，在进行种植之前，需要打破植物的休眠状态，以刺激其
顶部芽的生长。在自然情况下，从 11 月收种到第二年 3 月种植，
珠芽魔芋的球茎休眠期为 5 个月左右，而这个休眠期的长度则与温
度密切相关。有学者曾研究发现，球茎在温度低于 10℃、高于
5℃、湿度在 70%～80% 的环境下，其休眠期可被延长至超过 5 个
月的时间；当温度长期处于 25℃以上、湿度在 80% 时，球茎的休
眠期可缩短至 3 个月。这为我们利用温度与休眠期长短的关系贮存
球茎和缩短球茎休眠的时间提供了技术方法。

当然，还可使用化学药剂* 等延长球茎休眠时间。若要延长球
茎贮藏时间，可使用浓度大于 0.5% 的脱落酸或 1% 乙烯利处理已
萌发的球茎，可再延长球茎休眠时间 2 个月。若要缩短球茎的休眠
时间，可用赤霉素 0.2%～0.6% 浸球茎 4 小时即可打破休眠状态，
促进叶芽及根系生长。以此法处理能延长生育期 15～30 天。

参 考 文 献

陈永波，赵清华，滕建勋，等，2005. 正交试验优化花魔芋组织培养条件
　[J]. 氨基酸和生物资源（2）：29-31.

丁自立，万中义，矫振彪，等，2014. 魔芋软腐病研究进展和对策 [J]. 中国
　农学通报，30（4）：238-241.

顾玉成，吴金平，万进，等，2004. 魔芋不同外植体诱导比较实验 [J]. 中南
　民族大学学报（自然科学版），23（3）：17-19.

黄俊斌，邱仁胜，赵纯森，等，1999. 魔芋软腐病病原菌的鉴定及生物学特
　性初步研究 [J]. 华中农业大学学报（5）：413-415.

注：* 化学药剂具体用法、用量请参考产品使用说明书或咨询当地农技部门。

李雁鸣，胡寅华，张建平，等，2000. 魔芋（*Amorphophallus rivieri* Durieu）叶面积测定方法 [J]. 河北农业大学学报（4）：23-25.

李志孝，华苏明，1989. 魔芋研究的现状 [J]. 甘肃中医学院学报（1）：56-58.

刘金龙，李维群，吕世安，等，2004. 魔芋新品种——清江花魔芋 [J]. 园艺学报，31（6）：839-839.

刘佩瑛，陈劲枫，1994. 魔芋属一新种 [J]. 西南农业大学学报（1）.

柳俊，谢从华，余展深，等，2001. 魔芋（*Amorphophallus*）离体繁殖研究 [J]. 华中农业大学学报（3）：283-285.

马俊，齐颖，2006. 魔芋的功能及应用 [J]. 中国食物与营养（5）.

王任翔，薛跃规，2003. 魔芋研究概况及开发前景 [J]. 南方园艺（1）.

王少南，2004. 魔芋及其病害研究进展 [J]. 广西农业科学，35（1）：68-70.

吴金平，顾玉成，万进，等，2005. 魔芋抗软腐病突变体筛选的初步研究 [J]. 华中农业大学学报，5（5）：448-450.

杨代明，刘佩瑛，1990. 中国魔芋种植区划 [J]. 西南农业大学学报，12（1）：1-7.

张宁，1997. 魔芋科学及应用 [M]. 昆明：云南科技出版社.

张盛林，2005. 魔芋栽培与加工技术 [M]. 北京：中国农业出版社.

张盛林，李川，刘佩瑛，等，2004. ^{60}Co-γ 射线辐射对花魔芋性状影响初探 [J]. 中国农学通报（5）：190-191，209.

张盛林，刘佩瑛，1999. 中国魔芋资源和开发利用方案 [J]. 西南农业大学学报，21（3）：215-219.

张盛林，刘佩瑛，孙远明，等，1998. 魔芋属种间杂交技术研究 [J]. 西南农业大学学报（3）：219-222.

张兴国，1998. 魔芋组织培养的研究 [J]. 西南农业大学学报（3）.

张玉进，张兴国，刘佩瑛，等，2001. 魔芋种质资源的 RAPD 分析 [J]. 西南大学学报（自然科学版），23（5）：418-421.

张征兰，黄连超，金聿，1986. 魔芋组织培养与植株再生的研究 [J]. 华中农业大学学报（3）：16-19.

钟刚琼，盛德贤，滕建勋，等，2005. 魔芋食品的开发利用与研究进展 [J]. 食品研究与开发，26（1）：106-108.

第三章 珠芽魔芋林下栽培技术

第一节 珠芽魔芋繁殖技术

珠芽魔芋属天南星科魔芋属植物，是一类叶面上能生长气生珠芽或块茎的魔芋的统称，其繁殖方法可分为种子繁殖、组织培养繁殖、珠芽繁殖、地下种茎繁殖。

一、种子繁殖

1. 环境要求

以具有 50%～75% 遮阴避雨程度的设施环境为宜，一般在 3 月气温回升以后栽植，且整个生长期气温在 15℃ 以上。

2. 种子母芋选择

用于繁殖实生种子的地下球茎称为种子母芋。宜选苗龄 3 年以上、重量 2 千克以上、无病虫害、无机械损伤、成熟饱满的珠芽黄魔芋、珠芽白魔芋健康球茎为繁殖种子的母芋。

3. 催花

于每年 2—3 月气温回升后，将选好的母芋顶芽朝上整齐摆置于遮阴避雨设施中，待顶芽萌芽至可分辨出花芽时，将长花芽球茎挑出栽植。为提高母芋开花率，也可用赤霉素等植物生长调节剂稀释液喷施球茎，置于避雨荫棚中自然阴干，待分化可辨认出花芽时栽植。

4. 栽植与管护

（1）整地与土壤消杀 播种前 1 个月或更早进行翻耕田地，翻耕深度约 30 厘米，拣去石块、杂草根，晾晒 2 周以上，然后每亩用 50 千克生石灰粉撒施土壤中，整细，然后每亩撒施硫酸钾型三元复合肥 20 千克＋硫酸钾 10 千克＋硫酸锌 1 千克＋硼酸 1 千克混合肥，再耙平；按垄宽 100 厘米，沟宽 20 厘米起垄，在种植垄上按大约 40 厘米×40 厘米挖穴，用 1～2 千克/亩辛硫磷颗粒拌土撒施在种植穴内杀灭害虫。

（2）栽植与管理　将具花芽的母芋放置于种植穴内回土，回土厚度约 10 厘米。整个生长期除栽植时施入底肥，无须再追肥。植株开花后确保水分充足，加强病虫草害管理。

5. 种子收获

母芋栽植后当年 12 月至翌年 1—2 月，其浆果果皮转成橙红色，种子达到成熟标准即可采收。采收后于水中洗除浆果的果皮与果肉，将种子晾干后，置于种子网袋中于阴凉通风处或与干沙混合箱装保存。

二、组织培养繁殖

1. 材料的准备

选择健康的地下球茎或珠芽，在其幼叶未展开之前，取芽、叶片、叶柄，用 75％酒精消毒 30～60 秒后，在 0.1％ $HgCl_2$ 溶液中浸泡 8～15 分钟，然后用无菌水洗 3～5 次，再用无菌滤纸吸干水分，备用。

2. 愈伤组织诱导培养

将灭好菌的外植体切成长 0.5～1.0 厘米小段或长宽约为 0.5 厘米×0.5 厘米小块，接种于愈伤组织诱导培养基进行愈伤组织诱导培养。愈伤组织诱导培养基：MS＋6-BA 0.5～1.5 毫克/升＋NAA 0.1～0.5 毫克/升＋蔗糖 30.0 克/升＋琼脂 6.0 克/升（pH 5.8～6.0）。培养条件：光照条件为外植体接种后先置于暗培养 3～14 天，然后转到每天光照 12 小时和光照强度 1 000～1 500 勒克斯下培养，温度条件为 25～28℃。一般 20～30 天可长出愈伤组织。

3. 不定芽诱导培养

将诱导出的愈伤组织转接到不定芽诱导培养基中诱导产生丛生的不定芽。不定芽诱导培养基：MS＋6-BA1.0～3.0 毫克/升＋NAA0.1～0.2 毫克/升＋蔗糖 30 克/升＋琼脂 6.0～6.5 克/升（pH 5.8～6.0）或 MS＋TDZ 0.05～0.30 毫克/升＋NAA0.2 毫克/升＋蔗糖 30 克/升＋琼脂 6.0 克/升（pH 5.8～6.0）。培养条件：培养温度为 25～28 ℃，光照时间为 12 小时/天，光照强度为 1 600～2 000 勒克斯。培养 45～60 天可获得丛生芽。

4. 继代增殖培养

将诱导出的丛生芽切成单芽或小团丛芽（大小约 1.0 厘米×1.0 厘米）转接到继代增殖培养基进行扩繁。继代增殖培养基：MS＋6-BA 1.0～2.0 毫克/升＋IAA 0.4～0.6 毫克/升＋蔗糖 30 克/升＋琼脂 6.0 克/升（pH 5.8～6.0）。培养条件为：温度为 25～28 ℃，光照时间为 12 小时/天，光照强度为 800～1 000 勒克斯。30～35 天可继代培养一次，获得大量丛生芽。

5. 生根壮苗培养

将丛芽在增殖培养中长至高 4 厘米以上的芽从基部分切成单芽，接种于生根壮苗培养基中，诱导生根和壮苗。生根壮苗培养基：MS＋NAA0.25～0.50 毫克/升＋蔗糖 15.0～30.0 克/升＋琼脂 6.0 克/升（pH 5.8～6.0）。培养条件：培养温度为 25～28℃，光照时间为 12 小时/天，光照强度为 800～1 000 勒克斯。培养 30 天左右可获得健壮的完整植株。

6. 炼苗及移栽

（1）设施要求及条件

①覆盖 75％遮阳网的防虫网室或温室等设施；

②适宜温度在 25～30 ℃。

（2）基质准备

①河沙基质。在荫棚或温室中用砖砌宽 120 厘米、深 19 厘米的苗床，苗床长度根据设施大小而定，在苗床中填充干净细河沙。

②营养土基质。取富含腐殖质表土、腐熟椰糠、腐熟农家肥，

按体积比 1：2：1 混合均匀，填充于 50 孔穴盘中。

③基质消毒。用稀释 1 000 倍 50% 多菌灵＋稀释 3 000 倍 20% 春雷霉素水分散颗粒剂药液淋透河沙或营养土，进行消毒后备用。

（3）炼苗　将具根、茎、叶组培苗置于避雨荫棚下放置 4 天，再切开组培袋口（打开瓶盖）炼 2～3 天，然后出袋（瓶），将根部培养基洗净，然后用 50% 多菌灵 1 000 倍液浸泡 5～8 分钟消毒处理。

（4）移栽　将经消毒的组培苗按株行距均为 10～15 厘米种植于沙床或装有营养土的穴盘中，每穴种植 1 株，种植深度均约 2 厘米。采用穴盘移栽的，栽植后将穴盘摆在温室或荫棚中的苗架上。

（5）管护

①基质水分管理。组培苗定植过后要浇足定根水，然后再根据基质湿度确定是否浇水，基质湿度保持在 50%～60% 即可。

②空气温、湿度调控。组培苗移栽完后，一个月内在苗床或苗架上搭建小拱棚，并覆盖薄膜和遮阳网（遮阳率 50%）。移栽后 14 天内通过定期通风透气和叶面喷雾补水，将温度控制在 30 ℃以下，湿度保持在 90% 以上，保持小拱棚内空气较清新、叶片不萎蔫。移栽 15～30 天期间，撤去薄膜，留遮阳网，视天气和苗情适当叶面喷雾补水，保持叶片不萎蔫。30 天后，撤除小拱棚，此时组培苗已移栽成活。

③追肥与防病。组培苗移栽定植 14 天后，每两周喷施 0.1% 氨基酸叶面肥 1 次；每两周叶面喷施杀菌液（70% 可湿性粉剂甲基硫菌灵 0.6%＋20% 可溶性粉剂井冈霉素 0.1%＋磷酸二氢钾 0.1%）1 次，防治茎腐病等病害。

④除草。组培苗移栽后要及时拔除杂草。拔草时应注意防止损伤幼苗。

三、珠芽繁殖

1. 珠芽母芋要求

用于繁殖叶面珠芽的球茎（即珠芽母芋），以选鲜重 100 克以上健康地下球茎为宜。一般母芋越大，可结珠芽粒径越大，数量越多。

2. 栽植前准备

（1）栽培环境要求　海拔高度以低于 1 400 米为宜；年均气温大于 18℃，且极端低温不低于 5℃为宜；年降水量以 600～2 000 毫米为宜。珠芽魔芋为阴生植物，要求遮光率 50％～60％的林下、玉米等高秆作物地、荫棚等环境下栽培。选择交通便利，排灌良好，土层深厚且富含腐殖质、保水保肥、透气良好的地块作为繁种基地。

（2）整地与土壤消杀　播种前翻耕田地，翻耕深度约 30 厘米，拣去石块、杂草根，晾晒 2 周以上，然后每亩用 50 千克生石灰粉撒施土壤中，整细耙平；按垄宽 100 厘米、沟深 30 厘米、沟宽 20 厘米起垄，然后根据不同母芋规格呈三角形挖穴，用 2～3 千克/亩辛硫磷颗粒拌土撒施在种植沟或穴内杀灭害虫。

（3）母芋消毒　一般在栽植前 15～20 天，选晴天摊晒母芋 1～2 天，再用 10％春雷霉素可湿性粉剂兑水 1 000～1 500 倍液浸种 0.5～1 小时或 20％石灰乳液浸种 15 分钟，取出将母芋表面晾干。

（4）母芋催芽　将经消毒的母芋放置于 30～35℃及 60％～80％相对湿度条件下催芽，在芽眼冒白时即可栽植。

3. 栽植与管护

（1）栽植　在有灌溉条件的地块，温度回升到 10℃以上即可种植，在无灌溉条件的地块，雨季来临时种植。株行距在（30～40）厘米×（40～50）厘米之间，每亩可种植约 4 000 株，根据母芋规格和萌芽情况进行分区种植。母芋主芽倾斜 45°放于种植穴内，盖土 3 厘米左右后施基肥，再盖土 5 厘米左右。

（2）肥水管理

①基肥。在种植前按每亩腐熟农家肥或商品有机肥 2 000 千克、硫酸钾型三元复合肥 40～50 千克、硫酸锌 1 千克、硼砂 1 千克拌匀，种植时穴施。

②追肥。魔芋换头后，结合中耕培土，每亩分期追施硫酸钾型三元复合肥 30 千克、硫酸钾 30 千克，叶面喷施稀释 500～1 000 倍的磷酸二氢钾溶液 3～4 次。

③水分。在有灌溉、避雨的设施田块栽培，定植后应加强水分管理，浇水应坚持"见干见湿"的原则；在无灌溉无避雨设施的田块栽培，靠天然降雨补充土壤水分。

（3）病虫草害防治

①病虫害防治。珠芽魔芋病虫害防治以"预防为主，综合防治"为原则。其病害主要有软腐病、白绢病、叶枯病、病毒病等，主要防治方法见表 3-1。如田间出现软腐病、白绢病等病株，应及时将病株移出田外焚毁，用生石灰对垄面及病株穴进行消毒处理。虫害主要有地老虎、蛴螬、金龟子、夜蛾等，主要防治方法见表 3-1。

表 3-1　珠芽魔芋主要病虫害防治方法

防治对象	推荐药剂及使用剂量（每亩）
软腐病	用 40％甲硫·噻唑锌 40 毫升兑水 15 千克，喷雾 2～3 次，用琥珀胶肥酸铜可湿性粉剂对中心病株周围 1～2 米进行灌根处理
白绢病	用 60％氟酰胺·嘧菌酯水分散粒剂 15 克兑水 15 千克或者 50％异菌脲可湿性粉剂 100 克兑水 15 千克对植株茎基部进行喷淋
病毒病	30％毒氟磷可湿性粉剂 15 克兑水 15 千克均匀喷雾，或者用宁南霉素 250 毫升兑水 15 千克均匀喷雾
叶枯病	用 2％春雷霉素可湿性粉剂 40 克兑水 15 千克或用 40％甲硫·噻唑锌 40 毫升兑水 15 千克均匀喷雾
斜纹夜蛾、天蛾	用 5.7％甲氨基阿维菌素苯甲酸盐乳剂 15～20 毫升兑水 15 千克或用 10％醚菊酯悬浮剂 10 毫升＋8％阿维菌素·苘虫威水分散粒剂 10 克兑水 15 千克进行喷雾
地老虎、蛴螬、金龟子	播种时用 1～3 千克辛硫磷颗粒进行防治；块茎膨大期用 90％敌百虫乳油 1 000 倍液进行喷雾处理

注：资料来源于 DB5331/T26.2—2020。

②草害防控。整地与出苗前可采取除草剂化学除草或人工锄草。出苗后采用人工锄草或铺地膜、秸秆、细软枝叶等防控杂草。

4. 珠芽采收

在珠芽魔芋自然黄化倒苗，珠芽从植株上自然脱落后，分批于晴天露水干后采收。珠芽采收后摊平晾晒一周左右，室温贮藏。

5. 地下球茎采收

整地块珠芽魔芋地上部分全部自然倒苗干枯后，选择晴天收挖，收挖时尽量减少机械损伤。收挖后，人工清除地下球茎表面泥土，使芽窝朝上原地晾晒 2～3 天，待水分散失 15%～20% 后入库保存。采挖时遇到烂损地下球茎，应及时丢弃焚毁。受伤球茎，需待伤口结痂后方才能入库。

四、地下球茎繁育

1. 实生种子的地下种茎培育

（1）栽培地选择　选择交通便利，具备良好灌溉条件，土层深厚、富含有机质的沙壤地块，且要求具备遮光率为 50%～60% 的荫蔽条件，周年气温不低于 5℃，生长期气温在 10℃。实生种子一般以在温室或防虫网棚等良好隔离设施中栽培最佳。

（2）苗床准备　在种植前翻耕土地，清除杂草、树根和石块等杂物，播种前翻耕田地，翻耕深度约 30 厘米，拣去石块、杂草根，晾晒 2 周以上，然后每亩施入生石灰粉 50 千克＋充分腐熟农家肥 2 000 千克＋硫酸钾型三元复合肥 30 千克＋硫酸锌 1 千克＋硼砂 1 千克，整细耙平后起垄；按垄面宽 120 厘米，沟深 30 厘米、沟宽 40 厘米起垄。播种前 1 周，在垄面上每亩撒施 1～2 千克辛硫磷颗粒杀虫，然后轻耙一遍垄面。

（3）种子消毒　选籽粒饱满完好无损的种子用清水浸泡 6～12 小时，用 50% 多菌灵可湿粉剂 500 倍液或 50% 甲基硫菌灵可湿粉剂 500 倍液浸种 30 分钟后晾干。

（4）催芽　将经消毒的种子置于温度为 30～35℃，湿度为 90%～95% 的条件下催芽。种子萌芽露白时即可播种。

（5）播种　每年 3—5 月取露白种子按株行距为 20 厘米×40 厘米在苗床上打孔播种，种植深度为 5～8 厘米，每亩播种约 7 000

粒。有条件的可在播种前在苗床上装上滴灌带和铺上农膜保湿防草。

（6）管护

①追肥。出苗后，叶面喷施氨基酸叶面肥2～3次，结合防病在药液中添加0.2%磷酸二氢钾＋0.1%尿素追肥3～5次。

②水分。出苗前以保持土壤潮湿为宜，尽量少浇水或不浇水，以免烂种。

出苗后，加强水分管理，坚持"见干见湿"的原则。

③除草。应做到早除、勤除。选晴天用手拔草，避免伤叶伤根。

④病虫害防治。与珠芽繁殖过程中的病虫害防治相同。

（7）宿地留种的田间管理

①越冬管理。实生种子培育地下球茎种芋，一般当年倒苗后不采挖收种，留于田间保种，称为宿地留种。珠芽魔芋适宜种植区一般霜冻极轻或无，具备宿地留种条件，在植株枯萎后，将残枝枯草清除出田间并销毁，在垄面上每亩撒1～2千克辛硫磷颗粒防治地下害虫。

②第2年苗期管理。宿地魔芋零星出苗后，结合中耕培土，每亩施用充分腐熟农家肥2 000千克＋硫酸钾型三元复合肥50～60千克＋硫酸锌1千克＋硼砂1千克混匀物作底肥，每亩施1～2千克辛硫磷颗粒防治地下害虫。后期管理同第一年措施。

（8）地下球茎采收 整地块珠芽魔芋地上部分全部自然枯黄倒苗1个月后，选择晴天收挖，收挖时尽量减少机械损伤。收挖后，人工清除地下球茎表面泥土，使芽窝朝上原地晾晒2～3天，待水分散失15%～20%后入库保存。采挖时遇到烂损地下球茎，应及时丢弃焚毁。受伤球茎，需待伤口结痂后方才能入库。

2. 组培苗的地下种茎培育

用炼苗移栽成活的组培苗培育地下块茎，除需植后淋透定根水外，栽培地选择、苗床准备、种植密度与深度、追肥、生长期水肥管理、除草、病虫害防治、宿地留种管理、采收等措施与实生种子地下球茎培育措施相同。

3. 珠芽的地下种茎培育

此部分技术措施包括栽培环境要求、整地及土壤消杀、珠芽消毒催芽、珠芽分级种植规格、栽培管护、种芋采收与保存。其中栽培环境要求、整地及土壤消杀、珠芽消毒、催芽、栽培管护、种芋采挖与保存的技术要点基本与珠芽繁殖的措施相同；珠芽根据重量大小可分为大于 30 克、15～30 克、小于 15 克共三个等级。

大于 50 克珠芽的种植规格：按垄宽 80～100 厘米、沟深 30 厘米、沟宽 20 厘米起垄，垄面上按株行距 40 厘米×45 厘米呈三角形双行种植，每亩可栽种约 3 000 株。

15～50 克珠芽的种植规格：按垄宽 80～100 厘米、沟深 30 厘米、沟宽 20 厘米起垄，垄面上四行种植，株行距 40 厘米×（15～20）厘米，每亩可栽种约 7 000 株。

小于 15 克珠芽的种植规格：按垄宽 80～100 厘米、沟深 30 厘米、沟宽 20 厘米起垄，垄面上 6 行种植，株行距 40 厘米×10 厘米，每亩可栽种约 10 000 株。

4. 地下种茎切块繁殖

（1）种芋要求 用于切块繁殖的种芋，其鲜重大于 500 克，且无病虫害、无机械损伤。

（2）切块操作 切块应遵循"创面最小，芽丛保护最有效"原则。根据芽丛分布，实行纵切，应尽量远离芽丛，切块有效芽丛大于 2 个，重量为 150～200 克；切块应用经消毒处理的锋利不锈钢刀具。

（3）切块消毒处理 切块后，块茎用 50％多菌灵可湿粉剂＋草木灰（质量比 1：5）混合物涂抹表面，然后在阳光下晒种 1～2 天。

（4）催芽 与珠芽繁殖中母芋的催芽措施相同。

（5）播种 根据块茎大小、萌芽程度进行分级分片种植，切块切口斜向上。实行单行或双行种植。单行种植的行距为 80 厘米，株距为 30～60 厘米；双行种植的大行距为 70 厘米，小行距为 40 厘米，株距为 50～80 厘米。每亩可种植 3 000～4 000 株，用种量 200～400 千克。

（6）管护与种芋采挖 与珠芽繁殖中管护、种芋采挖技术措施相同。

五、各类繁殖体质量要求

1. 实生种子

种子表皮呈近黑色或咖啡色，具蜡质层；库存种子含水量 40% 左右，发芽率 95% 以上，净度 98% 以上，千粒重 200～350 克。

2. 组培苗

（1）无菌苗质量要求 待出瓶（袋）等组培苗应具有 2 条以上根且其长度大于 2 厘米，1 片以上全展叶，叶柄粗壮，长势旺。

（2）移栽驯化成活组培苗 经沙床移栽驯化的裸根苗应具有 1 片以上叶片，根系发达白嫩，叶色深绿，长势旺，无病斑。

穴盘苗其根系发达白嫩，穿出基质并将基质抱团不散；具有 1 片以上健壮叶片，叶色深绿，无病斑。

3. 珠芽

珠芽的分级及质量要求见表 3-2。

表 3-2 珠芽的分级及质量要求

级别	一级	二级	三级
质量（克）	>50	15～50	3～15
发芽率（%）	98	95	92
纯度	98	98	98
外观	表皮褐色或淡黄色，无病、无伤、无霉烂		

4. 地下种茎

地下种茎分级及质量要求见表 3-3。

表 3-3　地下种茎分级及质量要求

级别	一级	二级	三级	四级
质量（克）	100～200	50～100	15～50	3～15
发芽率（%）	98	98	95	92
纯度	98	98	98	98
外观	表皮褐色或淡黄色，芽窝小，肩部芽丛较密集，无病、无伤、无霉烂			

六、包装与贮运

1. 包装

种子宜细密塑料网袋包装，每袋 500～2 000 克；组培袋苗宜用硬质纸箱包装，每箱内袋苗叠加宜控制在 2～3 层；组培裸根苗宜用粗纹草纸包捆基部，每包 20 株左右，再将包捆好的组培苗整齐立于纸箱或塑料筐内，每捆间松紧适度，每箱控制在 15 千克左右；穴盘苗宜选择与穴盘长宽尺寸相宜的纸箱包装，箱内叠加穴盘 2～3 张，每张穴盘用 4～5 根竹棍或木棍支撑隔离；珠芽与地下种茎宜用已消毒、硬质抗压、透气的箱筐装，包装规格为 15～30 千克/箱。

2. 标识

包装箱上应标注魔芋种子、种苗、珠芽、地下种茎的品种、类别、等级、数量、生产单位名称和地址、生产日期、保质期等。

3. 运输

产品在运输、装卸时应小心轻放，严禁撞击、挤压和雨淋。组培袋苗要求途中运输时间控制在 5 天内，裸根苗、穴盘苗要求途中运输时间控制在 3 天内。

4. 贮藏

种子、珠芽、地下种芋贮藏温度 10℃左右，空气相对湿度 60%左右，通风透气。

第二节 橡胶林下栽培技术

一、魔芋品种的选择

花魔芋是魔芋中分布最广、适应性最强、产量高、栽培面积最广泛的品种，适应 500 米以上、2 500 米以下的高海拔栽培，在南方地区有分布，特点是红芽、肉质白、母体繁殖种芋。

白魔芋是魔芋中葡甘聚糖含量高达 60%、成活率高、抗病率强的品种，适应 900 米以下的低海拔栽培，主要分布在云南等地，特点是绿秆、肉质白、白芽、母体繁殖种芋。

珠芽魔芋是目前魔芋中快速发展的品种，葡甘聚糖含量高、抗病率高，适应海拔 300～1 400 米栽培，在我国主要分布在云南西双版纳。

二、珠芽魔芋适应的种植条件

珠芽魔芋（以下简称魔芋）适合在海拔 300～1 400 米区域进行种植，生长期需要适当的遮阳，荫蔽度在 40%～60% 比较适合，但是海拔不是唯一确定能否种植的条件，需综合以下几个条件：

当地是否有野生魔芋，有就适合种植；种植区域及地块风力较小，最好橡胶林周边有防风林；天气最热的时候有风比较凉爽。生长适应气温在 18～30℃；理论上不适合种植的区域，可以进行小面积种植，通过实践，海南橡胶林下有套种示范成功的案例，且效果较好。

三、橡胶林及地块选择

魔芋有连作障碍，忌连作。魔芋喜温耐阴，喜凉怕热，不耐强光和雨涝，是一种典型的阴性植物，应选择背风向阳、排灌方便、光照条件较好但又无强光照的半阴半阳的橡胶林为宜。

橡胶品种：橡胶品种热研 73397 橡胶树龄在 5～7 年，热研

917 橡胶树龄在 7~12 年，热垦 628 割胶全周期。

魔芋种植选择适合的土壤，要求一定的深度和疏松度。魔芋的生长土层必须深层，土质疏松多孔适合魔芋根系伸展发育，土壤较黏不利于魔芋根系呼吸，容易引起病害。松厚肥沃的土壤是保证魔芋根系发育和球茎膨大的重要条件。以下几种地不选：

（1）土质黏重的地块，不利于块茎膨大，影响块茎形状。

（2）沙性大的土壤，不保肥、不保水，夏季烈日下土温易升高，容易灼伤根部，诱发软腐病。

（3）平坦低洼地易渍水地块。

判断地块肥力最直观的方法就是看其他农作物长势，长势好的地块种魔芋也是没有问题的。

四、底肥需求

魔芋高产栽培对肥料需求量大，魔芋喜肥厌贫瘠，是需肥力强的块茎作物。优越的环境能使魔芋良好生长，充足的营养能让魔芋苗壮成长。魔芋用肥原则是以农家肥（腐熟且无病菌、虫卵）为主，施足底肥，早施追肥。在施肥中应以有机肥为主、化肥为辅，重施底肥，底肥施用量应占总用肥量的 60% 以上，肥足、肥优才能满足魔芋 200 天以上生育期营养的需要。魔芋在生长期缺肥会导致病害和减产，实践证明，魔芋减产的重要因素首先是缺钾，其次是缺磷，再次是缺氮。

五、地块整地及消毒杀虫

魔芋种植看似简单，但是能够实现高产，需要把握好每一个细节。确定种植橡胶林地块后，在秋冬季深耕一次土壤（30~40 厘米），进行晾晒消灭部分害虫和病菌，在深耕时根据实际情况，于整地时每亩撒施新鲜熟石灰 75 千克，或用敌克松粉 1~2 千克，可结合施有机肥（1 吨/亩）耙入耕作层消毒杀菌，根据实际情况对地块进行虫害杀灭，也可使用辛硫磷粒、阿维地线净等颗粒剂，敌百虫、辛硫磷、阿维菌素等液剂，撒在地表或喷洒在地表。

六、种芋选择

魔芋种芋分为一年生的一代种和二年生的二代种。种芋选择是种植是否成功的关键，播种前要挑选优质的种芋，种芋应无伤害或伤害已经愈合，外观无病害、虫害症状，色泽正常，无霉变、畸形等；种芋大小相对一致，按照质量大小分类，大小比较接近；种芋来源相同，如来自同一个地方、同一田块，尽量不要混杂；种芋成熟度好，一般选用50~150克的种芋进行栽培。

播种前将种芋摊晒2天，然后选晴天上午用10%春雷霉素可湿性粉剂1 000~1 500倍液，搅拌均匀浸种30分钟，捞出晒干后立即播种。消毒后的种芋晾晒时，堆放厚度3~5厘米即可，以利晾干后播种。

七、魔芋种植条件

1. 温度

魔芋要想正常生长，温度必须符合条件。温度过高或过低，都会影响魔芋的生长。一般来说，最好在20℃左右，当温度高于35℃时，魔芋会停止生长。如果要提高魔芋的产量，那么在魔芋块茎的生长过程中，温度最好控制在20~25℃。

2. 光照

魔芋原生于热带森林，气候环境潮湿、温暖和弱光，土壤有机质丰富。虽然魔芋是一种热带植物，但是其对光照的需求不大，有较强的耐阴性，阳光直射不利于魔芋正常的生长。强光不但不能提高魔芋产量，反而会导致魔芋叶片的灼伤。魔芋在适当荫蔽条件下，叶片生长旺盛、叶绿素多，病害少，产量高。虽然采取遮阳措施可以避开强光，但光照太弱，魔芋光合作用减弱，干物质积累少，也难以获得高产。如果选择在橡胶林下种植，属半阴半阳，荫蔽度在50%左右，这样恰好能满足魔芋种植对光照的要求。

3. 湿度

种植地的湿度也要合理。在保持橡胶林下土壤湿润的同时，还要注意避免积水或湿度过大。一般来说，土壤湿度为 55%～60%，而空气湿度相对较高，最好为 60%～70%。在这种情况下，魔芋可以正常生长，也就是说，种植地的年降水量需要在 1 000 毫米左右。

4. 酸碱度

要想魔芋长好，就需要调节土壤的 pH。最好是将 pH 控制在 6.5～7.5，但 pH 在 5.5～6.5 和 7.5～8 时，也可以正常生长。也就是说，种植魔芋的土壤 pH 不应低于 5.5 或高于 8。

八、栽培模式

近年来种植魔芋成功的案例越来越多，相关技术模式可以借鉴，但是不能照搬照抄，因为各地海拔不一样，日照、温度、有效积温、降水量及台风等实际情况不同，所以种植模式也不相同，低海拔种植不能照搬高海拔种植模式，花魔芋种植技术不能照搬珠芽魔芋种植技术，云南模式也不同于海南模式，这些细节都要引起注意。种植魔芋需要因地制宜地选择魔芋种植模式。

播种前，选晴好天气整土起垄，采用深沟高垄种植，垄宽约 1.5 米包沟（海南橡胶种植规格 3 米×7 米），可以起两垄，垄高需在 30 厘米以上。如果橡胶林透光没有达到要求，应修枝；如果个别地块透光过强，应搭建遮阳网。一般春节后气温能稳定通过 20℃，播种时间宜在 2—5 月。播种规格：按种芋大小和种植模式确定密度：①种芋个重 5～10 克，一般行距 20 厘米，株距 10 厘米，每亩用种量 30～60 千克。②种芋个重 50～100 克，一般行距 40 厘米，株距 30 厘米，每亩用种量 200～280 千克。栽后盖土 10 厘米左右，以利出苗。注意：播种前，应起好垄开好沟，有机肥和化肥不能直接接触种芋。

因地制宜选择栽培模式。目前在橡胶林下种植魔芋主要推广应用的模式有两种：一是双行起高垄黑膜覆盖栽培模式；二是双行起高垄橡胶落叶覆盖栽培模式。

无论是盖膜还是不盖膜种植，都可以先将复合肥和农家肥撒在垄面，然后根据种植模式进行后期处理。如果是黑膜种植还需要提土平垄面，如若是不盖膜，可以直接在上面打塘或者掏侧沟进行，这个过程中肥料基本会被土壤隔开；如果是不覆膜种植模式，可以将种子直接放在土壤上面或者掏侧沟进行种植。

1. 黑膜覆盖种植优势

（1）盖黑膜有利于防治杂草，魔芋一年要除草 3～4 次，非常费工费力。打除草剂容易影响魔芋产量，甚至导致死土。盖上黑膜，杂草就得以控制，是一个不错的选择。

（2）盖黑膜有利于提高地温，促进魔芋根系发育，提高魔芋的产量。盖黑膜的魔芋平均比没有盖黑膜的魔芋产量增加 15％以上。

（3）在同样的种植条件下，盖黑膜的魔芋种子比没有盖黑膜的魔芋种子出苗早。这就说明盖黑膜有利于促进魔芋种子发育。黑膜覆盖魔芋，由于温度，高保水保湿，所以出苗快。

2. 黑膜覆盖种植劣势

魔芋发芽的时候，有的种子发芽没有顶破黑膜，在下午温度高的时候如不及时人工破地膜，会导致魔芋苗烧伤甚至死苗。

3. 橡胶树落叶覆盖种植优势

利用冬季橡胶树落叶的优势，在种植后覆盖落叶，改善土壤表层的环境条件，调节地温，减少水分蒸发及养分流失，抑制杂草生长，为魔芋创造一个适宜生长发育的地块条件，促进魔芋根系生长和营养吸收，从而提高魔芋产量。

（1）利用橡胶树冬季落叶进行覆盖　取落叶方便，省工、省钱。

（2）护根　随着时间的推移，这些落叶会慢慢分解，变成含有较多腐殖质的腐叶土，有利于魔芋的根系生长。

（3）可保持土壤水分适宜　落叶可以充当土壤和阳光之间的屏障，减少水分蒸发，水分可以留在土壤里更长时间，让魔芋的根系吸收更多的水分，从而不用频繁浇水。

（4）铺上落叶　可以减少地面接受阳光直射产生的热量，降低温度，有利于保持根部凉爽，保持土壤温度稳定，促进土壤空气交换。不会因高温天气出现烧苗情况。

（5）铺上落叶　能够防止杂草长出来，减少杂草对养分的竞争，让魔芋有更多的养分使其生长。

4. 落叶橡胶树叶覆盖种植劣势

（1）出苗慢。

（2）容易被雨水的冲洗，落叶被冲走，导致种植地块裸露。

九、田间管理

魔芋的生长发育过程可以分为幼苗期、换头期、球茎膨大期及球茎成熟期。

1. 幼苗期管理

随着气温的不断升高，日平均气温达到 15℃以上，魔芋开始萌芽，魔芋出苗时间的早晚主要受种芋质量、大小和外界条件（主要是气温和湿度）的影响。如种芋完整、顶芽健壮则出苗较早；若种芋受损、顶芽弱甚至带有病菌，对出苗影响较大。

（1）土壤水分管理　魔芋的根系很脆弱，在土壤很干燥的地区，如果魔芋根系没有足够的水分供给，会对魔芋的生长有一定的影响。土壤干燥就需要浇水，且得一次性浇透，浇透之后魔芋苗就能很快出土，出土后如果外界温度很高，有条件的可以选择傍晚浇水，浇水次数看土壤湿度情况，一般一周一次。

（2）除草　未盖地膜的地块，魔芋苗还未出土，草已经长出，此时是打除草剂的最好时间，应选择药效较轻的魔芋专业除草剂（精喹禾灵），尽量不要让药水喷到魔芋苗上面。

魔芋幼苗期是一个关键期，幼苗期管理可为后期魔芋生长提供有力保障。魔芋苗大概在 4 月开始出土，如果温度高、湿度大，魔芋生长非常迅速。

魔芋没有出苗或者出苗慢的原因可能是：①种子受损，导致细菌感染后腐烂；②未发酵好的牛粪或化肥直接接触到种子，种子烧伤；③气温低或干旱湿度不够导致出苗晚；④土壤里有地下害虫。

（3）施肥　魔芋出苗后需要外界少量的营养以供魔芋生根发

芽，应增施钾肥、控施氮肥、适施磷肥，一般购买硝酸钾型和硫酸钾型的高钾复合肥，钾的比例尽量在 30％以上，不能使用含氯的复合肥。幼苗期施肥每亩应施高钾复合肥 30 千克以上。

2. 换头期管理

魔芋叶片开始展开，叶面微黄时魔芋开始进入换头期，时间差不多在 1 个月左右。在海南，时间大概在 6 月上旬。魔芋换头是在魔芋芽口底部发育出一个新的魔芋球茎。魔芋初期生长都是吸收老球茎的母体营养，直到老球茎营养物质消耗尽，干瘪，并与新球茎脱离，老球茎和新球茎的一个转换过程就叫作换头。

（1）增施叶面肥　新球茎形成过程中，魔芋抵抗能力非常弱，处于发病高峰期，同时也是魔芋快速生长期，魔芋需要大量的营养，但是在换头期不能进行土壤施肥，但是又必须施肥，此时只能使用叶面肥（硫酸二氢钾、硅锌硼二氢钾、腐殖酸钾等）喷施叶面。

（2）病虫害防治　魔芋打伞 80％以上时开始进行第一次病虫害防治，一般使用春雷霉素、波尔多液、多菌灵、百菌清等杀菌剂喷雾。一周喷施一次，交替使用药物。

（3）清理病株　魔芋在生长过程中，最怕的是病株感染，发现病株一定要及时清理，发现病株及时清理干净并在根部周围撒生石灰以消灭病菌，防止再次传染。

（4）换头时期魔芋死亡原因及注意事项　魔芋换头期死亡原因主要是魔芋开始换头，吸收老种芋营养生长时，老球茎开始腐烂或者新球茎感染细菌，无法顺利完成换头，就会出现黄叶、烂秆，导致魔芋死亡。

老球茎逐渐腐烂为地下害虫和其他细菌繁殖提供了良好的环境，对魔芋伤害极大。所以说种植时种芋的选择及地块的消毒必不可少。

魔芋换头期注意事项：除草和喷施叶面肥，务必在叶片没有露水情况下进行。换头期应做好病虫害预防，减少人为干预。禁止土施任何化学肥料。由于高温高湿是软腐病高发的条件，所以遮阴度不够的地块应适当搭建遮阳网，如果是经常泡水地块、高湿地块需提高垄面，清理沟内土，保证排水。

3. 膨大期管理

换头完成后，魔芋快速进入膨大期，该时期对整个产量尤为关键，大概在 6 月底开始，约 2 个月。此时叶面生长已达到顶点，叶面不再生长。

（1）追肥　膨大期是魔芋需肥量最大的时期。此时追肥要以钾肥为主，氮、磷为辅，充足的钾肥可增强魔芋的生长能力，促进块茎膨大，要控制氮肥的使用，防止植株旺长。膨大期需要大量的营养供应，应适时追肥，增施高钾肥（K_2O 含量应在 30%以上），满足魔芋生长需要，达到优质高产。

合理追肥：应除草后再施肥，有条件的应安装水肥一体系统施用水溶性肥料，每亩使用 50 千克高钾复合肥，一个月施 2~3 次。

（2）水分管理　魔芋是一种比较喜湿的作物，因此在种植的时候要保证湿度。在魔芋生长期，土壤的含水量要保持在 60%左右。不可过多或过少，过多的话会降低土壤的通透性，阻碍根部营养吸收及呼吸作用，影响植株的生长；过少的话又会抑制魔芋块茎的膨大，降低产量。因此，浇水要以多次少量为原则，保证土壤水分含量在魔芋需求的适宜范围内。

（3）病虫害防治　海南 6—7 月高温高湿，魔芋膨大期是魔芋病虫害的高发期。一定要加强管理，定期进行预防，控制好水肥的施用，防止产生涝害与肥害。定期观察魔芋植株生长情况，发现发病植株后要及时拔除并在窝头处撒上石灰消毒。然后检查病害发生情况，再使用对应药剂进行整地消杀预防。魔芋的常见病虫害发病后基本上都很难进行治疗，因此日常主要以预防为主。

（4）除草　没有铺地膜的种植地块，除草应在天气好的时候进行，在土质干时操作，尽量不要碰伤魔芋，防治病虫害侵入导致魔芋染病。

第三节　病虫害发生与防治对策

近年来魔芋种植面积不断扩大，在发展过程中病害造成的损失也越加明显，严重影响魔芋的正常生产，可导致减产 40％，甚至绝收，制约了产业化的发展。魔芋常见病害：细菌性病害有软腐病、叶枯病；真菌性病害有白绢病、枯萎病、根腐病、轮纹斑病、炭疽病；病毒病有花叶病；生理病害有外界环境造成的日灼病，某些微量元素（如硼、锌、锰等）缺乏引起的魔芋缺素症。

从实践情况来看，魔芋病害最主要还是软腐病危害，预防软腐病是魔芋病害防治的核心。在魔芋生长过程中最容易感染发病时期主要集中在换头期和膨大期。软腐病感染主要来源有种子带菌、土壤带菌、运输损伤病菌感染等。控制病源，了解病因才是降低发病的关键。

换头期是魔芋病害发生的初期，老球茎向新球茎转化，植株抵抗能力弱，老球茎脱落后遇到持续降雨，高湿时容易腐烂，易生成细菌，新球茎的抵抗能力较弱，易感染软腐病。如感染后球茎开始腐烂，则魔芋植株开始烂秆。

膨大期是魔芋地下新球茎快速膨大时期，只有 1～2 个月。魔芋进入膨大期的时候，地上部分植株无论多粗壮，地下球茎都还小，在此期间，天气高温高湿容易导致魔芋感染软腐病，土壤水分过高，根系呼吸差容易发生种芋腐烂、叶面烂叶症状。

一、软腐病病害症状、发生规律及防治

软腐病又叫黑腐病，是魔芋生产上一种常见且具有毁灭性的病害，一旦发病，很难治愈，传染性较强。如果不加以防治，会造成严重减产，甚至绝收。

1. 软腐病症状

软腐病主要危害叶片、叶柄及球茎。该病最明显的特征是组织腐烂，并具有恶臭味。

（1）种芋和贮藏期球茎发病　软腐病引起种芋或球茎贮藏期的腐烂是造成烂种的主要原因。开始时块茎局部腐烂，后腐烂部位逐步扩大蔓延至整个球茎。腐烂的球茎又可将病传给邻近的球茎。在播种期，种芋受侵染，被害球茎初期表皮产生不规则形水渍状暗褐色斑纹，后逐渐向内扩展，溢出大量菌液，块茎腐烂。最后，随着水分的降低，块茎变成干腐的海绵状物。受害种芋发芽出苗后，芋尖弯曲，展叶早，刚露土即展叶，叶不完全展开，或叶柄、种芋腐烂。叶展开后种芋发病则表现为叶片向叶柄作拥抱状，植株形状像一个蘑菇，叶色稍黄，种芋腐烂。

（2）出苗期发病　芋头弯曲，或叶柄、种芋腐烂；叶片展开后染病，初生湿润状暗绿色小斑，扩大后组织腐烂；病菌沿导管侵染叶脉、叶柄，出现水渍状条斑，有汁液流出，或致叶柄基部溃烂，球茎染病，全株或半边发黄，叶片萎蔫，球茎表面现出水渍状青褐色病斑，向内扩展，呈灰色或灰褐色黏液状腐烂，并散发恶臭。植株基部染病，呈软腐倒伏，早期叶片尚可保持绿色，后期变黄褐干枯。

（3）生长期发病　植株症状表现为茎基部（即叶柄基部）软腐，并迅速折断倒伏，叶子仍然保持绿色，这种症状从发生到倒苗腐烂发展很快，属急性型。

叶片发病，初期叶片上产生墨绿色油渍状不规则病斑，边缘不明显，多沿叶脉向两旁叶肉作放射状或浸润状发展，后小叶腐烂悬挂在植株上，有时有脓状物溢出。以后病害沿叶柄向下扩展至块茎，整株腐烂。有时病菌沿半边叶柄向下扩展，使叶柄一侧形成水渍状暗绿色的纵长形条纹。之后，组织进一步软化，条斑随即凹陷成沟状，溢出菌脓，散发臭味，使植株腐烂。有的半边腐烂，发黄俗称"半边疯"，地下部分球茎半边腐烂，严重时整株发黄、腐烂，地下部分整个腐烂。

2. 发生规律

病菌随病残体于土壤或球茎中越冬，贮藏期种芋可继续发病并向其他蔓延，病菌从伤口侵入，在田间靠地下害虫或接触及灌溉水传播蔓延，进行再侵染。适温范围 4～38℃，最适为 25～30℃，高温高湿条件下易流行。海南地区 6 月上中旬始发，7—8 月达到高峰，之后气温下降病害停滞。一般连作地块，种植过密或地势低洼、排水不好、田间湿度大或氮肥及害虫过多发病重。

细菌性病害发生原因有很多，从实践来看，主要有以下方面：①球茎或土壤中带菌。②种植区域环境半阴、适宜的空气湿度病害轻，无遮阳、暴晒的条件下病害重。③土壤黏重、板结易使魔芋根部受伤，软腐细菌易侵入；土壤为沙壤土，通气性好，根部不易产生伤口，细菌不能侵入。④空气湿度大、雨水多的年份或月份发病重，主要是因为水可以传播细菌，并容易使魔芋产生伤口。同时，湿度大有利于软腐细菌的生长和繁殖，产生大量的细菌。⑤斜纹夜蛾、甘薯天蛾、豆天蛾等幼虫啃食叶片造成伤口，金龟子幼虫蛴螬啃食魔芋地下部造成伤口，软腐病菌容易侵入。

（1）综合防治原则

①提前预防。通过实践发现，防治魔芋细菌性病害就要早防、重防。播种前整地施用 50 千克/亩生石灰，土壤质量差的增施 1 吨/亩腐熟牛粪，通过改善土壤状况、增施有机肥、控制氮肥使用量、添加土壤有益菌群的方法创造良好健康的种植环境，培养健壮植株。下种后覆土前，在播种沟里喷淋杀菌剂和杀虫剂，减少土壤和种芋带菌带虫。出苗后，分别在魔芋的出苗期、换头期和块茎膨大期叶面喷施杀菌剂和杀虫剂及叶面肥为魔芋补充中微量元素肥，健壮植株，增加茎秆韧性，预防魔芋病害的发生。

②重治。一旦开始发病就要连续高浓度用药，将病害控制住，防止病害蔓延。尤其是魔芋软腐病在植株刚开始变软的时候就连续喷施青枯立克、噻菌铜及铜制剂，药物轮流喷淋，重点喷淋发病部位，每次间隔 3 天，第一次复配糖醇钙镁，这期间再一次复配细菌性化学药剂和杀虫剂。

（2）综合防治技术　根据此病的发生及流行规律，在防治上应采取以预防为主、药剂防治为辅的综合防治措施。

①合理布局、选择最佳的橡胶林，营造最佳生态环境。在适宜

种植珠芽魔芋（海拔 300～1 400 米）的区域，在种植中宜选择适合的橡胶林，应考虑阳光直射时间适宜、雨量较为均匀或比较干燥但有一定灌溉条件的地方。

②合理选地、整地，实施土壤消毒。选择土层深厚、土壤肥沃、疏松的缓坡沙壤土种植魔芋，在前作收获后及时翻挖晒土，平地或缓坡地需起垄栽培，一般垄高在 30 厘米以上。应进行土壤消毒，并用杀虫剂（敌百虫等）拌土撒施在种植沟或塘内杀灭害虫，此措施要求在播种时一并实施。

③选用良种、种芋消毒。在种芋调运过程中，要用柔软透气的材料对种芋进行衬垫包装，以免造成种芋破损。在播种前，应选用芽眼饱满、芽窝浅、外观周正、表皮光滑、无损伤口、2 年生以下的魔芋球茎或当年叶面种作种。播前对种芋进行消毒处理，用 10%春雷霉素可湿性粉剂 1 000～1 500 倍液浸种 30 分钟，晾干后即可播种。

④加强魔芋田间管理。魔芋生长过程中，要尽量减少农事操作，以免对植株造成机械损伤引起软腐病的发生。基肥施腐熟稍干燥的农家肥和磷、钾肥，少施或不施氮肥。在施足底肥的前提下，当魔芋出苗开始展叶封行时适当追高钾肥（不能含氯）。

⑤魔芋生长期病害以预防为主、及时防治。当大田 70%的魔芋出苗后（在海南 5 月底至 6 月上旬），当发现零星株少量叶片黄化或大小叶柄处有软化迹象，则为初步感染软腐病，及时用春雷霉素或者波尔多液等轮换普遍喷施，间隔 7 天一次，一旦发现软腐病的中心病株，立即拔除并销毁，在病穴中撒石灰消毒。魔芋软腐病一般从 6 月上旬就陆续发生，7—8 月为发病高峰期。雨量较大时，一定要注意及时排水，并密切关注田间发病情况，一旦有软腐病发生的征兆，则及时以 pH 3.5 的草酸稀释液浇灌植株根部或者使用石灰消毒。目前，软腐病的防治药剂以春雷霉素最有效，在发病初期或发病前，用春雷霉素每隔 7 天喷一次。发现软腐病中心病株立即拔除并销毁，并在病穴撒上生石灰 200～250 克。

⑥适时采收、安全贮藏。为保证商品魔芋优良的内在品质以及

种芋的安全贮藏，10 月在 70％的植株倒苗后 10～15 天收挖较好。块茎在 0.5 千克以上的魔芋可作为商品芋销售。块茎在 0.5 千克以下的魔芋可作为种芋存放。种芋安全贮藏的方法是先在通风干燥之处晾晒 10 天左右，然后用杀菌剂喷施，将种芋大小分级后，再用干沙分层贮藏可降低种芋的感病概率。

二、叶枯病（日灼病）病害症状、传播途径及防治

1. 魔芋叶枯病症状

魔芋叶枯病是由极端强烈的光照引起灼伤造成的。强烈的光照、持续的高温环境和土壤干旱是日灼病暴发的主要因素。初期在叶片边缘呈黑褐色不规则形油渍状，植株生长不良、失绿、卷缩和焦枯是发病的主要症状。晴热高温极端干旱天气往往造成魔芋大面积的严重日灼病，会带来巨大的损失。似火烧一样，小叶干燥似羊皮状，干枯倒伏。

发病原因：魔芋属于半阴半阳的植物，高温、太阳直晒和种植深度过浅土壤不保水等是发病的原因。特别是遮阳不好或土壤太瘦最容易出现叶枯病。

2. 预防及防治措施

魔芋是一种喜阴、喜温暖、忌高温的作物，适当的遮阳可以保护叶片不被灼伤，给魔芋创造荫蔽凉爽的小气候，一旦遇到高温干旱天气，而且缺乏灌溉条件的情况下，极易暴发日灼病。干旱的发生让魔芋蒸腾作用无法顺利进行，无法通过水分的蒸发来调节自身的温度。当土壤干旱有开裂的迹象时应适当补水，补水应该选择傍晚进行。

选择不积水地块栽植，并做到深耕细耙，高垄深沟，小块种植。化学防治：①做好选种、晒种和浸种，精选健芋晒 1～2 天后用春雷霉素浸 1 小时，晾干下种。②加强检查，及时施药控制。发现中心病株立即挖除，并用春雷霉素或生石灰灌淋或撒施病穴及周围植株 4 次。③如太阳光线太强可以适当搭建遮阳网。

三、白绢病病害症状、传播途径及防治

1. 白绢病症状

魔芋的白绢病属于真菌性病害，主要危害茎、叶柄基部及球茎，染病后初呈现暗褐色，后转化使叶柄湿腐整株倒伏，叶片绿色变黄。高温高湿时候染病部位呈现一层白色绢丝状霉。魔芋整个生长期都可以发生此病。

2. 传播途径

该病借灌溉水传播蔓延，带菌种芋可远距离传播。土壤湿度大、高温高湿发病重，平均气温25～28℃，雨后转晴易流行。

3. 防治

（1）选择不积水地块种植，加强水肥管理。开沟排水，不漫灌，不串灌，避免淹水，少施氮肥，多施农家肥和复合肥，严重时，个别病株应及时挖掉，病穴及四周撒施生石灰消毒，控制病害蔓延。

（2）挑选健康种芋晒1～2天后用春雷霉素浸种1小时，晾干后播种。

（3）化学防治　用甲基硫菌灵和多菌灵液喷施植株和土表，每隔7天施用1次，连续2～3次。或者对植株叶柄基部及四周土壤喷施粉锈灵或代森铵，隔7天重喷1次，杀死土壤中的病菌；或苗出齐后长到30厘米高时喷药1次，每年3～4次。下种时块茎用多菌灵粉剂或用甲基硫菌灵粉剂液浸种10～15分钟，表皮晾干后下种，可减轻病害。酸性土壤整地时，撒新鲜生石灰，每亩撒25～75千克于表土层，然后耙匀。

四、害虫害综合防治技术

魔芋形成一定规模集中成片种植后，群体密度高、湿度大，病虫害发病随之加重，虫害危害导致的病害也随之加重，引起魔芋严重减产，甚至无收，成为影响魔芋产业发展的主要障碍之一。魔芋是"成本高、利润高、风险高"三高的种植产业，其"风险高"就

是指魔芋虫害导致的病害对生产的威胁大，导致魔芋大面积生产失败。因此，防虫是魔芋丰产高效栽培的重要一环。

魔芋害虫啃食后造成伤口，有利于病菌的侵入，导致病害流行。因此，魔芋的虫害防治，不能忽视。魔芋虫害主要有蛴螬、蝼蛄、小地老虎、甘薯天蛾、豆天蛾等。

1. 地下害虫防治

危害魔芋的地下害虫主要有蛴螬、蝼蛄、小地老虎，可用辛硫磷、敌百虫等与农家肥混合作底肥，可防治地下害虫。

2. 地上害虫防治

危害魔芋地上部分的害虫主要有甘薯天蛾、豆天蛾、斜纹夜蛾的幼虫，虫口少时，可人工捕杀；虫口多时，可用敌敌畏等进行叶面喷雾。

3. 综合防治措施

（1）犁地翻地杀虫　由于害虫能在土壤越冬，冬季收获后，及时清理种植地块，搞好地块卫生管理，消灭虫源。冬犁地冻虫杀菌这是最简单的、最实用、最科学的办法，天气冷或太阳暴晒时就可以很轻松地将躲藏在土壤里面的虫卵给冻死和晒死，从而减少虫害的发生。

（2）选种、晒种　精选良种，种子无损害、破裂、虫咬、霉变、畸形等，选好后晒2~3天，每天翻动3~4次，注意翻动时不要伤到顶芽。

（3）土壤消毒　整地播种前，每亩选用生石灰75千克进行消毒和喷洒敌百虫在种植地块上。

（4）合理施肥浇水，注重增施钾肥　魔芋施肥应做到有机肥和无机肥相结合，以有机肥为主；钾、氮、磷结合，魔芋需肥以钾肥为主，钾肥可提高魔芋的抗病性、抗旱性、抗倒伏性和耐贮性等，促进植株健壮生长。底肥与追肥相结合，以底肥为主，底肥应占施肥总量的80%以上。农家肥一定要充分腐熟且喷洒杀虫剂后再使用，化肥不要直接接触球茎或植株，以免烧伤种芋或叶柄表皮从而利于病原菌入侵。应做好水的管理，以不干不浇、随浇随排为原则。

（5）遮阳措施　魔芋喜阴湿，怕高温和强光，应选择适合林龄的林段，如果太晒应适当搭建遮阳网。

（6）防止伤害　病菌主要通过伤口侵入寄主，因此在防止虫害和田间作业时候不要伤着魔芋，在防治甘薯天蛾、豆天蛾、斜纹夜蛾的幼虫等时用敌百虫、敌敌畏等喷雾。

参 考 文 献

桂明春，田海，唐敏，等，2020. 植物生长调节剂对珠芽黄魔芋叶柄离体培养效果的影响 [J]. 北方园艺（7）：20-26.

蒋晓云，李进波，李珏，等，2014. 红魔芋组培苗大棚栽培及管理技术 [J]. 云南农业科技（1）：36-37.

李金威，岩香甩，周会平，等，2022. 不同种子处理方式对珠芽黄魔芋生长的影响 [J]. 热带农业科技，45（2）：36-40.

廖利，2012. 魔芋组培苗栽培及管理技术 [J]. 陕西农业科学，58（5）：131-132.

普丽花，李珏，陈燕萍，等，2014. 不同栽培环境与基质对红魔芋组培苗成活率的影响 [J]. 中国园艺文摘，30（2）：35-36.

秦正伟，周光来，陈琳，等，2008. 珠芽魔芋不同外植体诱导愈伤组织研究初报 [J]. 安徽农业科学（9）：3551-3552.

魏博，潘登浪，刘子凡，等，2021. 珠芽魔芋组培快繁技术 [J]. 热带作物学报，42（4）：975-981.

吴金平，宋志红，刁英，等，2007. 珠芽魔芋的组织培养与快速繁殖 [J]. 植物生理学通讯（5）：887-888.

徐文果，陈志雄，张宏芳，等，2007. 红魔芋珠芽繁种技术 [J]. 中国热带农业（5）：63.

岩香甩，魏丽萍，田耀华，等，2019. 人工诱导珠芽黄魔芋开花结子研究 [J]. 湖北农业科学，58（14）：87-91.

杨宝明，苏艳，李永平，等，2021. 珠芽黄魔芋组织培养与快繁技术研究 [J]. 广西林业科学，50（5）：534-538.

杨玉凤，陈宗军，李波利，2010. 魔芋种子繁殖技术 [J]. 农村百事通

　（21）：33-34.

张东华，赵建荣，2005. 珠芽魔芋良种繁育及栽培技术 [J]. 农村实用技术
　（2）：20.

张东华，汪庆平，2020. 珠芽魔芋叶面球茎丰产技术 [J]. 农村新技术（2）：
　8-10.

张静，王运超，高义富，2016. 花魔芋种子有性繁殖提纯复壮技术 [J]. 种
　子世界（1）：51-52.

赵庆云，张国云，宁美芳，等，2005. 优质魔芋组培苗大棚栽培研究 [J].
　种子（4）：63-64，67.

第四章 产品质量控制

第一节 病虫害化学防治与质量控制

一、化学防治与质量

在大田试验中,生石灰的施用对魔芋品质有一定影响,不同生石灰施用量对魔芋品质的影响不同,生石灰施用量 4 800 千克/公顷时葡甘聚糖质量分数达 39.84%。施用一定量的生石灰可以提高魔芋的葡甘聚糖质量分数和球茎产量,说明生石灰对改善魔芋品质和提高魔芋产量有一定作用。

二、禁止使用和部分范围禁止使用的农药名录

《农药管理条例》规定,农药生产应取得农药登记证和生产许可证,农药经营应取得经营许可证,农药使用应按照标签规定的使用范围、安全间隔期用药,不得超范围用药。剧毒、高毒农药不得用于防治卫生害虫,不得用于蔬菜、瓜果、茶叶、菌类、中草药材的生产,不得用于水生植物的病虫害防治。

1. 禁止(停止)使用的农药(50 种)

六六六、滴滴涕、毒杀芬、二溴氯丙烷、杀虫脒、二溴乙烷、除草醚、艾氏剂、狄氏剂、汞制剂、砷类、铅类、敌枯双、氟乙酰胺、甘氟、毒鼠强、氟乙酸钠、毒鼠硅、甲胺磷、对硫磷、甲基对硫磷、久效磷、磷胺、苯线磷、地虫硫磷、甲基硫环磷、磷化钙、磷化镁、磷化锌、硫线磷、蝇毒磷、治螟磷、特丁硫磷、氯磺隆、

胺苯磺隆、甲磺隆、福美肿、福美甲肿、三氯杀螨醇、林丹、硫丹、溴甲烷、氟虫胺、杀扑磷、百草枯、2，4-滴丁酯、甲拌磷、甲基异柳磷、水胺硫磷、灭线磷。

注：溴甲烷可用于"检疫熏蒸处理"。杀扑磷已无制剂登记。甲拌磷、甲基异柳磷、水胺硫磷、灭线磷，自2024年9月1日起禁止销售和使用。

2. 在部分范围禁止使用的农药（16种）

克百威、氧乐果、灭多威、涕灭威禁止在蔬菜、瓜果、茶叶、菌类、中草药材上使用，禁止用于防治卫生害虫，禁止用于水生植物的病虫害防治；

克百威禁止在甘蔗作物上使用；

内吸磷、硫环磷、氯唑磷禁止在蔬菜、瓜果、茶叶、中草药材上使用；

乙酰甲胺磷、丁硫克百威、乐果禁止在蔬菜、瓜果、茶叶、菌类和中草药材上使用；

毒死蜱、三唑磷禁止在蔬菜上使用；

丁酰肼（比久）禁止在花生上使用；

氰戊菊酯禁止在茶叶上使用；

氟虫腈禁止在所有农作物上使用（卫生用、玉米等部分旱田种子包衣除外）；

氟苯虫酰胺禁止在水稻上使用。

注：禁止使用和部分范围禁止使用的农药名录为动态管理，此名录统计时间截止到2023年2月1日，名录更新以实际政策发布为准。

第二节　化肥施用与质量控制

一、稀土对魔芋生长的影响

徐娟2006年以抗病害效果和提高产量等为考量指标，从喷施浓度、喷施次数、施肥方法等方面研究了生长在不同海拔、不同品种的魔芋的稀土微肥施肥技术及效果。结果表明，合适浓度的稀土微肥均能在一定程度上提高魔芋的抗病害能力，并有显著的增产效果。当喷施浓度为 0.2％时，从魔芋展叶期开始喷施，10 天后再喷施一次，与对照相比，可平均增产 96～262 千克/亩，病情指数平均下降 3.08％，经稀土微肥浸种的处理防病效果最好。参考国家标准方法，对经处理的魔芋球茎中的葡甘聚糖含量进行了测定，结果表明，喷施稀土的魔芋中葡甘聚糖的含量总体高于对照平均值，平均增幅为 4.28％。综上，可以认为施用稀土微肥可以提高从魔芋中提取的葡甘聚糖总量。

适时施用适量的稀土微肥对魔芋球茎吸收营养元素、平衡调节养分有促进作用，这可能是由于适量的稀土元素能提高魔芋叶片的光合效率（周正朝 等，2004），叶片光合产物以蔗糖的形式运输到球茎后，通过蔗糖合成酶分解为葡萄糖和果糖，经过一系列酶促反应，生成活化的单糖-UDP-葡萄糖、GDP-甘露糖和 ADP-葡萄糖。UDP-葡萄糖和 GDP-甘露糖分别作为葡萄糖和甘露糖的供体，参与合成魔芋葡甘聚糖。在葡甘聚糖的合成过程中，魔芋蔗糖合成酶、磷酸甘露糖异构酶、磷酸葡萄糖异构酶等都起着重要的作用，而酶往往需要 Ca^{2+}、Mg^{2+} 等二价金属离子作为辅因。稀土元素是否通过调节金属离子含量，从而提高酶的活性，进而提高葡甘聚糖的含量还有待进一步研究证实（徐娟，2006）。

二、硼对魔芋中葡甘聚糖含量的影响

牛义（2004）以白魔芋和花魔芋为材料采用相同的栽培模式，分别测定白魔芋与花魔芋在八个不同硼酸浓度处理下的各项生理生化指标，其中有光合叶面积、叶绿素含量光合作用、SOD、POD、MDA、PPO、葡甘聚糖、可溶性糖、蛋白质、淀粉以及球茎、根状茎，较系统地研究了各个处理条件下魔芋的生长发育情况和硼素对魔芋品质以及产量的影响。白魔芋和花魔芋在生长期间，种芋的葡甘聚糖含量随萌芽生长而迅速下降，这与种芋鲜重质量变化相一致。新芋的葡甘聚糖含量在形成初期很低，60～90 天即 7—8 月，此期是换头期，换头后开始急剧增加，120 天时达到最高峰，之后略有下降。结果表明，硼素营养与魔芋品质及几种酶活性有密切的关系，适宜的硼素浓度能有效地提高魔芋葡甘聚糖、可溶性糖、淀粉、可溶性蛋白质含量；增加 POD、SOD 活性，降低 MDA 含量、PPO 活性，其中以 0.25～0.50 毫克/升的硼素浓度效果最佳。

三、氮肥施用量对魔芋品质的影响

综合发病率、实收产量、精粉黏度三方面的结果，高氮条件下，魔芋平均单株产量最高，但由于病害率高导致实收产量低于对照，同时鲜芋含水量的升高、精粉黏度的大幅下降导致魔芋品质下降。因此，在魔芋栽培中不宜施用过多的氮肥。研究认为，高氮条件使魔芋活体含水量增加，导致球茎、叶片更易损伤，有利于病原菌侵入及繁殖，从而导致魔芋病害的高发；魔芋栽培中氮肥的施用量以纯氮 11.5～18.5 千克/公顷较为合理。

蚕沙有机肥相对于羊粪和鸡粪有机肥可以促进魔芋对土壤有机质和氮、磷、钾元素的吸收，并因此提高魔芋产量，该有机肥具有的促进矿质元素和有机质吸收效应值得进一步关注。蚕沙有机肥对魔芋产量的提高会伴随着魔芋葡甘聚糖含量和水溶胶黏度值的下降，在生产实践中，可通过增施钾肥措施予以应对。

第三节　产品初加工与质量控制

一、产品采收与质量

魔芋是多年生草本植物，繁殖系数低下。生产用种一直是制约魔芋产业发展的重要因素之一。魔芋地下球茎体积大、皮薄、水分多、组织柔嫩、易受创伤和感染病害，种芋极不易贮藏。因此，魔芋收挖后种芋的挑选和贮藏是第二年种芋数量和质量的制约因素。若贮藏过程中控制不好温度和湿度，便容易使种芋发生冻伤、烂种、干瘪等现象，种芋损失较大；若种芋带病带菌，翌年种植发病率将增大，直接影响翌年魔芋的病害发生程度和收成。因此，种芋的科学采收和贮藏，是翌年魔芋增产增收的重要保证。

魔芋的采收

魔芋的采收时间、采收质量、采收时的气候、运输损伤程度以及处理方法等直接关系种芋贮藏水平，为了获得高水平的贮藏效果，魔芋种芋在收割前应注意以下几点。

（1）适时采收 魔芋通常于 10 月中旬后采收，商品魔芋自然倒伏 7～10 天后开始收获，而做种的魔芋则应当延迟 30～40 天，此时干物质含量增高、含水量降低，球茎更趋成熟，对贮藏极为有利。为确定魔芋的最佳采收期，可选择在 80％的魔芋植株倒苗（即叶柄开始倒伏，地上部分开始枯萎）后的 15～20 天，昼夜平均温度在 10℃以下，随机选收 10 株魔芋植株挖开观察，当离球茎基部 5 厘米处叶柄上硬下软，用手即可拔掉叶柄且脱落处光滑时，表明已成熟，可以采收。采收时日，平均最低气温应不低于 5℃，否则将发生低温冷害，造成魔芋的生理病变。收挖过早，易导致产量降低和不耐贮藏；收挖过晚，气温下降，易遭冻害。收挖时最好选择土壤干爽的晴天，要做到轻挖、轻放、轻运，勿损伤表皮，并保护好顶芽。

目前采收方式有机械和手工两种，无论哪种采收方式都容易造成魔芋表皮和芽的机械损伤。对于有损伤和病虫害的魔芋必须及时处理，否则将增加病菌的感染，容易引发软腐病等病害。需要注意的是，最好选择在晴天进行采收采摘后晾晒表皮，适当风干，这样可以避免因表面带水造成不利于运输、贮藏等。采收后的魔芋晾晒 3～4 天后用 50％克菌可湿性粉剂或 50％多菌灵 500 倍液喷施 1～2 次，或用硫黄粉：生石灰：草木灰＝1：1：1 复混粉喷撒其表面或周围灭菌。

（2）种芋的选择 商品芋和种芋要分别贮藏，应严格剔除有伤病和病虫害的球茎。种芋的精选标准为：成熟度好，皮色嫩黄、表面光滑无创伤、球茎上端口平、窝眼小，整个球茎锥状或芋头状，形状整齐，鳞芽肥壮粗短，具有本品种的特征，适应性强，产量高，较抗病或耐病，质量在250～500克为佳。

二、产品初加工与质量

1. 魔芋初加工利用

魔芋球茎的含水量非常高，采收的新鲜魔芋球茎含水量高达85%左右，在采挖运输等过程中，因磨擦、碰撞等原因容易产生损伤，如有外界微生物的侵入，更容易发生腐烂，引起变质，难以长期贮存。因此，新鲜的魔芋球茎需要进行初加工后才能进行较长时间的贮存、运输以及进一步加工利用。

魔芋初加工是指利用人工或机械方法将新鲜魔芋球茎加工成含水量≤14%的干魔芋片（条）和魔芋粗粉产品的过程，根据我国农业行业标准《绿色食品魔芋及其制品》（NY/T 2981—2016），对魔芋的感官要求如下：同一品种或相似品种；芋形完整，表面清洁无物；滋味正常，无异味；无裂痕，不腐烂；不干瘪；无机械损伤和硬伤；无病虫害造成的损伤；无畸形、冻害、黑心；无明显斑痕；无异常的外来水分。

2. 加工环节的影响

目前魔芋加工一般采用粉碎法、磨浆法和熟制法，企业普遍采用的是先将魔芋清洗去皮切片烘干，研磨成魔芋精粉，然后根据生产工艺的需要待用。在整个操作过程中，唯一的关键控制点就是烘干。烘干时采用石炭烘烤则可省去熏硫增白工序，如果采用煤烘烤，则要进行硫熏蒸，魔芋精粉 GB/T 18104—2000 规定其二氧化硫含量不超过 2.0 克/千克，这就要求烘干过程中硫的使用量必须严格控制。一般每立方米空房用硫 0.5 克，或按魔芋量的 1.5%将硫黄粉撒在炭火上，炭火不能带烟，否则会熏黑芋片，使品质降低。

前期控制是指在初加工时利用改进干燥方式或利用低硫或其他护色剂等方式进行灭酶处理，从而使二氧化硫残留量达到低残留或无残留标准（柳敏 等，2021）。

（1）改进干燥方式　干燥方式主要有自然干燥、高热（温）空气干燥、真空冷冻干燥、微波干燥和热泵干燥等方式。自然干燥易使魔芋发生氧化褐变，从而影响魔芋粉的品质，一般不采用该方式干燥。高热（温）空气干燥不仅能灭酶防止褐变，还能达到快速干燥的目的，且成本相对较低，是企业和农户普遍用来给魔芋干燥的方式。

真空冷冻干燥技术利用冷冻后物质酶化作用弱，可防止氧化褐变，可以保持产品的色泽和营养成分，在果蔬加工产品中应用广泛。毕振举等研究了自然干燥、热风干燥和真空冷冻干燥对富硒魔芋颜色、葡甘聚糖含量等的影响，结果表明采用真空冷冻干燥技术对富硒魔芋颜色影响程度最小，且提高干燥后富硒魔芋中葡甘聚糖含量。但是，由于魔芋葡甘聚糖的特殊性质和结构，经过真空冷冻干燥后的葡甘聚糖易受冻而被破坏，冷冻后的魔芋片易受潮，影响后期粉碎工艺，且真空冷冻干燥设备投资大、运行成本高，目前还未得到推广运用。

微波干燥具有能量利用率高、干燥速率快、效果均匀、易实现自动化控制等优点，在食品加工中应用很广。但微波干燥设备成本较高，加热不均会局部焦化也会破坏魔芋葡甘聚糖结构，使微波技术在魔芋初加工中的应用还在探索研究阶段。李静研究了烘箱加热、微波炉加热和微波惰性气体加热 3 种加热方式对花魔芋护色效果的影响，结论是加热方式对魔芋护色效果起决定作用，微波惰性气体加热护色效果最好，而烘箱加热和微波炉直接加热效果差距不大。

热泵干燥利用被加热的热空气与被干燥物料的对流进行热交换，使热空气中水分冷凝、脱水达到干燥的目的，具有低能高热的优点，是近年来研究的一个热点。热泵干燥技术在农产品加工、纺织等领域应用研究较多。热泵干燥技术在魔芋干燥领域研究较少，但其高效节能、环保、可以回收余热等优点，将会使其在魔芋干燥领域有较大的发展空间。叶维等为解决魔芋干燥过程中褐变问题，用热泵低温干燥技术结合护色剂处理，对魔芋进行了干燥研究，采用柠檬酸、L-半胱氨酸和抗坏血酸组合护色，白度指标值可达 83.53。热泵干燥技术有望成为魔芋初加工的主要干燥新技术。

(2) 低硫或无硫护色剂　二氧化硫具有漂白性和抗氧化性，也可作防腐剂，具有抑制霉菌的生长、价格相对便宜的优点，因此二氧化硫是现今最经济有效控制褐变的护色剂。但加工中用二氧化硫护色不好控制用量，容易使食品中二氧化硫残留超过国家标准或行业标准，存在食品安全问题。近年来，人们开始研究用含硫溶液浸泡魔芋片来护色，有学者先用 0.05% 焦亚硫酸氢钠溶液浸泡魔芋片，将魔芋片干燥 6 小时后再磨成粉末，得到的魔芋粉既保证魔芋粉色泽度，又使二氧化硫残留量低于 0.9 克/千克，符合国家标准，但需将浸泡的魔芋片干燥后再加工成魔芋粉，使得加工成本较高。天然褐变抑制剂（如柠檬酸、硫醇类、抗坏血酸、草酸等）可以通过钝化多酚氧化酶（PPO）的活性或改变酶作用的条件达到护色的效果，早已广泛应用于果蔬加工中。目前，有关天然褐变抑制剂在魔芋中的研究仅有部分报道，有学者研究了花魔芋和白魔芋褐变机理并探讨了无公害酶促褐变抑制剂植酸、抗坏血酸、柠檬酸和L-半胱氨酸对魔芋褐变的抑制效果，得出用 0.01% L-半胱氨酸单一护色剂浸泡 5 分钟，并在 60℃ 下烘烤得到的白魔芋干片颜色较白；用 0.15% L-半胱氨酸＋1% 柠檬酸＋1% 植酸＋0.01% 抗坏血酸组合抑制剂浸泡 5 分钟，在 60℃ 下烘烤，得到的花魔芋干片颜色很白。叶维等人在魔芋真空冷冻干燥的环境下进行了护色剂筛选试验，通过研究柠檬酸、抗坏血酸和 EDTA 等 5 种护色剂的单一护色效果，用 Box-Behnken 响应面优化法得出护色效果好的柠檬酸、抗坏血酸和 L-半胱氨酸 3 种护色剂最佳配比，不仅减少了单一护色剂的用量，同时还提高了护色的效果。此外，还有部分研究者对 H_2O_2 等特殊性质的其他褐变抑制剂对魔芋护色进行了研究。叶凌利用 H_2O_2-柠檬酸-40% 乙醇体系对魔芋微粉进行纯化漂白得到魔芋粉，其增白、除臭效果明显，黏度、凝胶强度及 KGM 含量基本没变化。无硫褐变抑制剂护色效果不稳定，成本高、使用量较大，且魔芋中葡甘聚糖吸水膨胀且黏性强，褐变抑制剂浸泡会增加后期魔芋干片制粉成本，使褐变抑制剂在魔芋初加工中还未实际应用起来。随着人们对食品安全问题的重视及魔芋绿色食品行业标准越来越严格，褐变抑制剂的多元互配使用护色效果更显著，极有可能推动无硫褐变抑制剂在今后魔芋护色中的应用。

（3）酸碱溶液浸泡护色　多酚氧化酶的活性易受温度、酸碱度的影响，在抑制果蔬酶促褐变中，常用酸碱溶液处理护色。魔芋中 PPO 活性适宜温度为 30～35℃，温度超过 100℃时，PPO 活性完全丧失，活性最适 pH 为 5.5，pH 小于 2 和大于 8 时可以完全抑制 PPO 活性。调节浸泡溶液温度或酸碱性结合护色剂的使用可成为防止魔芋褐变的一个研究方向。

（4）后期脱硫处理　为提高魔芋精粉的品质，确保魔芋及其制品的质量安全，某些加工企业会对出口类型的魔芋精粉进行脱硫处理。当前成熟的脱硫技术为醇洗法，即用乙醇溶液洗涤魔芋粉，既能使硫残留降至安全标准，又提高 KGM 的纯度和色泽。夏俊等人对魔芋精粉用过氧化苯甲酰和过氧化钙化学脱硫、活性炭脱硫、乙醇回流法 3 种脱硫方法开展对比试验，得出 3 种脱硫方法均能使二氧化硫含量低于 50 毫克/克，乙醇回流法可使魔芋精粉含硫量降低至 20 毫克/克，且白度高、黏度大、淀粉含量低，但该方法步骤多、酒精消耗大、所耗时间较长、限制因素多，不利于企业工厂化生产。有学者设计了一种降低魔芋精粉二氧化硫含量的装置，该装置将过氧化氢水溶液和酒精通过三通管混合后在筒体内壁喷头上喷出，在水平转轴的转动下与魔芋精粉充分混合，魔芋精粉又沿螺旋式通道前进在出料口落入接料斗中，静置一段时间使过氧化氢水溶液与二氧化硫充分反应完成二氧化硫的脱除工序，整个过程自动进行，无须人工操作，不仅降低人工劳动强度，同时可有效降低魔芋精粉中二氧化硫含量。魔芋精粉后期脱硫获得的品质高，符合绿色产品的行业标准，但是加工工艺流程多、洗脱剂用量大、回收困难、环境污染大、加工成本高等技术瓶颈使脱硫技术没有在工业生产中全面应用起来。

3. 魔芋加工方法

魔芋初加工分为干法加工和湿法加工两种。干法加工工艺简单、设备要求低，是产业化应用的主要加工方法，但加工出的魔芋精粉有二氧化硫残留，且含生物碱、单宁等有毒有害物质；湿法加工制得的魔芋精粉中具有二氧化硫含量低、生物碱含量较低、品质好、安全性高的优点，但湿法加工工艺复杂、设备投资建设和运行成本高，仅部分大型企业生产应用。因此，对干法或湿法加工工艺进行改进联合使用，采用半湿法加工方法将成为魔芋粉加工方法的发展方向。此外，寻找新的安全无害褐色抑制剂，多元互配使用代替效果不稳定、用量大、成本高单一褐变抑制剂，也将成为今后的研究热点。

对干法和湿法工艺生产的魔芋精粉黏度进行检测，结果表明，湿法加工的葡甘聚糖黏度显著高于干法加工（$P<0.01$）。采用干法加工，葡甘聚糖黏度的大小顺序是珠芽魔芋地下球茎＞珠芽魔芋叶面球茎＞白魔芋球茎＞白魔芋芋鞭；采用湿法加工，大小顺序是花魔芋球茎＞珠芽魔芋叶面球茎＞珠芽魔芋地下球茎＞白魔芋球茎＞白魔芋芋鞭。干法加工的不同来源魔芋精粉黏度之间差异不明显，这很可能是因为干法加工粉碎过程的剪切力、干燥温度等都会对产品的品质产生影响，另外，干魔芋角中葡甘聚糖与淀粉的结合紧密程度比鲜魔芋角大，淀粉的分离困难，导致黏度下降。魔芋精粉的黏度存在种间差异，同时还与加工方法有关，改进加工方法、选用科学加工工艺是提高产品质量的有效途径。珠芽魔芋的葡甘聚糖含量、精粉的黏度各项指标均优，在基地试种还具有抗病耐热的突出优势（孙天玮 等，2008）。

4. 不同芋龄、种类种芋生产的商品芋加工品质

1龄种芋和2龄种芋生产的商品芋的综合加工品质，虽然在球茎折干率、精粉率、葡甘聚糖含量和精粉黏度等存在一定差异，但差异均不显著，说明二者的产品都能作为魔芋初加工的原料。

（1）不同芋龄魔芋　不同芋龄魔芋精粉葡甘聚糖的含量，按2002年农业部颁布的 NY/T 494—2002 标准进行测定。对去皮前

后的鲜芋精粉率进行分析，发现去皮后精粉率与魔芋芋龄有一定的规律，芋龄小的精粉率高，芋龄大的精粉率低，差异较大。去皮前的精粉率实际是魔芋球茎的生产率，芋龄的大小与精粉生产率的关系不明显，差异不大。这主要是皮损率不同而缩小了差异的幅度。对于直接用鲜魔芋加工精粉的企业来说，就可以用各种芋龄的魔芋作生产原料，而不影响其效益。

人们对不同芋龄魔芋球茎的精粉率已进行了分析，在去皮前鲜球茎的精粉率与魔芋芋龄的关系大。对不同芋龄魔芋精粉黏度品质检测结果表明，魔芋精粉黏度差异主要与种芋大小有关，1龄芋在个体较小时精粉质量有所下降，但也达到一级精粉要求。

（2）不同种类魔芋　对3种魔芋主要成分葡甘聚糖的含量测定结果表明，白魔芋葡甘聚糖含量最高（51.05%），珠芽魔芋次之，花魔芋最低。珠芽魔芋叶面球茎、白魔芋芋鞭葡甘聚糖含量分别占干物质的47.80%和46.59%，表明其同样可作加工葡甘聚糖的原料。鲜魔芋球茎含水量都在80%以上，珠芽魔芋地下球茎含水量与其他品种间具有显著差异（$P<0.01$），而花魔芋和白魔芋之间差异不显著（$P>0.05$）。珠芽魔芋的葡甘聚糖含量、精粉的黏度各项指标均优，试种还具有抗病耐热的突出优势，这表明珠芽魔芋在海南橡胶林低海拔地区种植有较强的市场竞争力。

参 考 文 献

毕振举，谷云盈，闫丽，等，2020. 不同干燥条件下富硒魔芋颜色、葡甘聚糖及硒含量的研究 [J]. 西北林学院学报，35（3）：207-211，223.

邓国凯，魏秀云，胡忠庆，1997. 宁夏枸杞施用稀土的技术与效果 [J]. 宁夏农林科技（4）：16-17.

郭丽琼，郭丽青，1999. 稀土对灵芝生长影响的初步研究 [J]. 中国药学杂志，34（3）：155-157.

韩碧文，邵莉楣，陈虎保，1987. 植物生物物质 [M]. 北京：科学出版社.

侯宗林，2003. 浅论我国稀土资源与地质科学研究 [J]. 稀土信息，10：7-10.

胡霭堂，周权锁，郑绍健，等，2000. 稀土元素在小麦体内分配行为的研究 [J]. 生态学报，20（4）：639-645.

胡明一，2001. 魔芋葡甘露聚糖的提取和药用开发进展 [J]. 适用技术市场 （10）：15-17.

黄福先，2009. 魔芋的收获与储藏 [J]. 科学种养，10：55-56.

李成德，2010. 魔芋种子繁殖贮藏方法及运输 [J]. 汉中科技（1）：21-23.

李静，2016. 加热方式及亚硫酸钠浓度对花魔芋护色效果的影响 [J]. 食品工业，37（9）：26-27.

李勇军，马继琼，陈建华，等，2010. 施氮量对魔芋病害发生、产量及黏度影响的研究 [J]. 西南农业学报（1）：128-131.

柳敏，邹涛，李恒谦，2021. 降低魔芋粉中二氧化硫残留技术研究现状 [J]. 农产品加工，4：59-62.

牛义，2004. 硼素营养对魔芋生长发育、品质、产量影响的研究 [D]. 重庆：西南农业大学.

潘瑞炽，董愚得，1995. 植物生理学 [M]. 北京：高等教育出版社.

石新龙，2011. 人工调控对魔芋产生多叶影响的研究 [D]. 重庆：西南大学.

孙天玮，周海燕，詹逸舒，等，2008. 不同种魔芋主要成分及加工方法对产品的影响 [J] 湖南农业大学学报（自然科学版），4（39）：413-415.

覃樱，2004. 魔芋去顶芽处理对生长影响的研究 [J]. 农业教育研究，1：65.

王新华，2002. 农用稀土在棉花上的应用 [J]. 安徽农业（4）：26.

徐娟，2006. 稀土应用于魔芋栽培技术、效果及对其品质影响的探讨 [D]. 武汉：华中农业大学.

徐文果，王丽，车宏志，等，2010. 红魔芋种芋安全贮藏与运输 [J]. 中国热带农业，2（33）：58-59.

叶维，李保国，2015. 魔芋热泵干燥特性及数学模型的研究 [J]. 食品与发酵科技，51（5）：32-36，79.

叶维，李保国，周颖，2015. 魔芋精粉的护色及干燥加工技术的研究进展 [J]. 食品与发酵科技，51（1）：4-8，19.

周光来，2006. 不同芋龄种芋对魔芋球茎产量与品质的影响研究 [D]. 武汉：华中农业大学.

周正朝，张希彪，上官周平，2004. 植物对稀土元素的生理生态响应. 西北农业学报，13（2）：119-123.

Hii C L, Law C L, Suzannah S, 2012. Drying kinetics of the individual layer of cocoa beans during heat pump drying [J] Journal of Food Engineering (2): 276-282.

Impapmsert R, Borompichaichartkul C, Srzednicki G, 2010. Inhibition of enzymatic browning in konjac (*Amorphophal-lusmuelleri*) tuber slices [C] //Proceedings of Food Innovation Asia Conference 2010: Indigenous Food Research and Development to Global Market: 112.

第五章 采收与加工

第一节 采 收

　　珠芽魔芋（以下简称魔芋）整个生育期为 7 个月左右，温度15℃以上时地下块茎仍可继续膨大。植株地上部分枯萎时，地下块茎仍能膨大 10%～20%，植株枯萎 30 天左右时间（大约霜降以后），地下块茎停止生长，魔芋地上部分明显衰老、茎秆发黄倒苗时可收获，一般魔芋最佳收获时期为倒苗 1 个月后。果实收获不宜过早，过早收果会影响产量，具体采收时间可根据生长地的温度、海拔等因素把控。

　　收挖不宜用锄头，最好用两齿耙，对准植株叶柄逐株挖取，细挖轻放，大小一次挖净，尽可能不挖破，不伤皮，边挖边晒。留种的魔芋挖收时更要十分仔细，尽量不伤不破，保护顶芽和收集芋鞭，避免机械损伤，确保种芋质量。收挖后的魔芋，将好芋和伤芋分开摊晾，待块茎表面干燥后按大小分级收集，堆放在室内地板等防潮物上贮藏，或加工、销售。采收的魔芋按照大小、种类分开放置，可以按照 400～500 克、300～400 克、200～300 克、100～200克、50～100 克、50 克以下几种分类，翌年栽植的时候可以根据种芋大小合理安排种植密度，获取最大的经济效益。

　　按果实用途分类，将魔芋分为种芋、商品芋、叶面种三大类。种芋是选择用来繁殖的魔芋果，通常将饱满圆润、质地佳的果实作为种芋的理想之选。商品芋指市面上具有加工生产价值的魔芋果实，是魔芋淀粉来源的原料。叶面果是魔芋植株生长过程中，地上叶子部分吐露的小魔芋珠，可以种植进行下一代的繁殖。

一、种芋采收

魔芋在自然界以有性繁殖为主，所以种芋的选择对魔芋整个生长周期来说是非常关键的一个环节。为获得优质的种芋，减少植株病害侵袭，为翌年的魔芋收成打下良好基础，采收期间要将大魔芋、小球茎、根状茎一并采收，尽量减少果实留在地里。目前魔芋软腐病没有有效的化学防治药剂，通过减少土壤传播病害、田间清除带病植株并进行消毒处理、清洁田园和减少种子传播病害的方法可以有效预防此病。只有将魔芋地下部分全部带回贮藏，观察带病情况和种子处理，才能把好种子关口，避免田间大面积发病。

1. 采收时间及注意事项

采挖应选择晴天，用锄头从侧面深挖，防止挖烂，挖出后小心掰去芋鞭、去掉泥土，按大小分开并剔出伤破的块茎，放置地面晒2～3天，待失水10％～15％后，可收藏完整块茎作种。

2. 种芋分级

严格按照种芋规格和大小分级播种、分块种植、分类培养，特别是要将根状茎、块茎、种子以及不同年龄芋种分开栽培，以免出苗后发生争抢养分等资源现象，严防大株（苗）欺小株（苗）。一般将鲜芋周围的壮芽摘除留种，鲜芋按大小分级，超大果作商品出售，选100～150克、表皮光滑、溜圆、皮色嫩黄、无皱缩、顶芽粗短的小块茎作为种芋留种。表皮粗黑，顶芽过长，满身疙瘩的块茎，易开花，可留种，待第二年开花收获种子，可作为育种的基础材料。

3. 贮藏前的准备

（1）精选种魔芋 选择性状好、具有优势品种特征、适应性强、产量高、较抗病或耐病的魔芋作种芋。由于种芋是病菌的越冬场所之一，所以贮藏前要对种芋严格精选，精选标准为：大小均匀，成熟度好，顶芽短粗壮，表面光滑无创伤，无病虫害，色泽为上半部褐色、下半部浅褐色，重量在100～150克。贮藏时要将球茎、根状茎分开。

（2）种芋消毒 为减少种子带菌，贮藏前要对种芋严格进行消毒处理，这是有效控制传染病的关键。在贮藏前先将种芋翻晒 3～5 天，然后用药剂处理。一般选用 75 ％农用链霉素 3 000 倍液、草酸 800～1 000 倍液、50％可湿性多菌灵粉剂 1 000 倍液、40％福尔马林 200 倍液或 50％代森铵 1 000 倍液浸种，待药液晾干后贮藏；也可以选用生石灰粉、草木灰、硫黄粉，按 50：50：2 的比例进行拌种后贮藏。经过以上处理，可以有效地杀死种芋上的病菌，使种芋贮藏更安全。

4. 贮藏条件

鲜种芋贮藏期间应保持 5～10℃的适宜温度，低于此温度种芋易受冻，当温度持续在 0℃以下时，冻害发生严重，进而腐烂；温度过高，魔芋的呼吸作用加强，水分散失加大，高温高湿易导致软腐病的发生及蔓延。一般贮藏环境湿度以 70％～80％为宜，湿度低，种芋因呼吸作用损失大量水分，造成块茎萎缩；湿度过大，易导致软腐病的发生及传播蔓延。新鲜种芋贮藏期间，球茎要不断地进行呼吸作用，如果贮藏环境通风不良、氧含量不足，种芋无氧呼吸加强，易造成烂种。因此，贮藏期间应注意通风换气，确保空气正常流通。

5. 贮藏方法

贮藏方法根据形式的不同，分为露地越冬贮藏、露天贮藏、土坑贮藏、地窖贮藏、室内沙藏及草藏、室内自然堆藏、烟熏贮藏。

（1）露地越冬贮藏分为宿地留种、覆盖法、培土法、套种法

①宿地留种。适宜低海拔和河谷温暖地区采用，选择生长势好、倒苗迟、无病害地块留种。留种的田块当年不挖，冬季厢面覆盖一层厚稻草防冻，第 2 年春季挖起栽种。在冬季不太寒冷的魔芋产区（如陕南地区）常采用此种方法。应选择地势高、易排水、沙壤土质、当年魔芋长势好、病害较轻的留种地就地越冬。此种方法的优点：一是不需采挖、搬运、贮藏，可节省大量人力，同时避免了因采挖对种芋造成的损伤，防止病菌的传染；二是使种芋保持

新鲜，翌年春季早发芽，提前出苗，有利于增产增收；三是对大面积留种安全有效。

②覆盖法。在植株自然倒苗后，冬前清除地表杂草及植株残体，将表土轻轻锄松 3～5 厘米，然后用稻草、玉米秆、麦草、麦糠、山茅草等材料覆盖，厚度以 10～15 厘米为宜，太薄起不到防寒保暖的作用。

③培土法。将土表杂草清除，然后培 10～15 厘米厚的土层，要求干土、细土、疏松。通过培土增加土层厚度，来减轻严寒对深层土壤中种芋的影响，有利于种芋的越冬。对当年播种较浅或种芋被雨水冲刷露出地表的地块，采用此方法越冬效果较好。

④套种法。种芋露地越冬期间，在繁种地块上面套种越冬作物，有保温增湿、调节土壤水分和防冻的作用，更有利于块茎在地下安全越冬。在陕南旱塬地带可套种麦类作物、油菜、豌豆等，既充分利用土地，提高经济效益，更有利于种芋的越冬。

（2）露天贮藏　选择地势高燥的空地，用草木灰或糠壳、麦壳、灶土灰等与干细土混匀后，将种芋与混合土层叠放，一层种芋、一层混合土，最后覆盖 30 厘米厚的细土压紧。在种芋堆的四周挖一条排水沟，下雨时覆盖薄膜、晴天揭膜。

（3）土坑贮藏法　选择地势高燥、背风向阳的地方挖坑，坑深大约 1 米，长宽依贮藏量而定，要选择晴天开挖，晾干坑内水分，坑底及四周铺一层稻草或麦糠，厚约 10 厘米。将选好的种芋排放在坑内，一般排放至 1/2 处为宜。最上层覆盖干草 10～15 厘米厚。土坑四周开挖排水沟，将泥土覆盖于干草上，略高于地面呈瓦背形，有利于排水。贮藏前先用药剂拌种后再入坑，可避免害虫咬食。

选择背风向阳、土壤干燥的地方挖坑，一般坑底 100～150 厘米，长宽依贮藏种量而定，先在坑种及四周坑壁处铺放 10～15 厘米厚的稻草，避免种芋与窖底或窖壁接触，然后放入种芋，按一层种芋覆一层草摆放，厚度为 6～8 层，之后在种芋上厚盖一层稻草，再在稻草上覆盖一层 15～25 厘米厚的干细土壤。最后在坑四周开挖排水沟，以防雨流进坑中，造成烂种。

(4) 地窖贮藏法　在关中北部、陕北及部分寒冷地区，可选择地下水位低、排水良好、土质坚实的地方挖地窖，以贮藏 1 000～1 500 千克为宜。挖好地窖后，窖内要用药剂熏蒸或草加硫黄点火进行消毒，闷窖 2～3 天，等窖内气味散尽后即可将种芋入窖。使用旧窖，应将窖壁铲去一层并消毒后再使用。贮藏时先在窖底铺一层稻草或河沙，将种芋顶芽朝上摆放，按一层种芋一层草堆放，地窖的贮种量以地窖容积的一半为宜。种芋入窖后，应调节好窖内的温湿度及空气含量，种芋入窖初期应打开窖门通风换气，严冬季节关闭窖门，但要留有通风孔以利于气体交换。春季气温回升应打开窖门通风透气。

(5) 室内沙藏及草藏法　室内沙藏法可选择细河沙、山沙等，贮藏时将沙晒干（七八成干），在筐内、桶内或室内靠墙角处先放一层 10 厘米厚干沙，然后放一层种芋，种芋平放，芽眼朝上，然后覆上一层干沙，以将种芋盖严为宜。这样一层干沙一层种芋堆放，堆放的种芋以 5～6 层为宜（根状茎或小种芋可放多层），若堆放层数太多会压坏底层种芋或造成透气不良。室内草藏法用稻草、麦秆、谷壳等，将其晒干后使用。堆放方法与室内沙藏相同，使干草充分包住种芋，避免种芋与贮藏容器壁或墙接触。

(6) 室内自然堆藏法　在种芋数量相当大，而又无大窖房的情况下采用。可在室内用木架或竹架分层摆放。木架层间距离为40～50 厘米，每层架上放一层干燥、透气性好的覆盖物以保暖。若无架子，直接在地面上摆放种芋 1～2 层即可。

(7) 烟熏贮藏　将晒干后的种芋放在背篓、箩筐里堆放摊匀，直接烟熏火烤，失水较快，这样既能保持表面干燥，又可起到消毒杀菌效果。但此法只适用于少量芋种的保存。

6. 贮藏期的管理

加强贮藏期的管理，是达到魔芋种芋安全贮藏的必要保证。魔芋的贮藏期为 4～5 个月，在此期间，必须注意贮藏期环境的温度、湿度及通风条件，定期检查，防止烂种的发生。

（1）前期管理　入窖 30 天内，是贮藏管理的关键时期。前期种芋呼吸作用旺盛，水分蒸发量大，释放热量也大，易形成高温高湿环境，易发软腐病。此期间应加强通风换气，散热排湿，使贮藏温度稳定在 8～10℃，相对湿度 60％～70％，注意病害发生，定期检查种芋有无病变或腐烂，如发现立即清除，并用链霉素喷雾防止蔓延。

（2）中期管理　入窖后 30 天至翌年 2 月初。种芋处于深休眠阶段，呼吸及水分蒸发减弱，发热量小，此期间块茎生理活动微弱，对环境十分敏感，外界环境温度低，易遭受冻害，保持温度10～13℃、湿度 65％为宜，以保温防寒为主。

（3）后期管理　立春后，气温逐渐回升，种芋的休眠已解除，呼吸加强，应避免贮藏温度过高而促使顶芽萌发。此期应加强通风换气，适当增加湿度，温度控制在 10～12℃、相对湿度 80％左右。同时，针对会出现的外界低温天气应注意保暖。

二、商品芋采收

魔芋达到最佳生长状态，魔芋的淀粉含量达到最大值，其营养价值更高，同时可更好地作为工业原料，更有利于商品价值的体现。

1. 成熟期的判定

魔芋达到正常成熟期时，各节（球茎、叶柄、须根、根状茎）分界处自然分离，地上植株正常枯黄，用手拔后叶柄从球茎上自然脱落，如此可确定魔芋的成熟期，也是魔芋挖收适期。

具体挖收时间因地区不同也有差异，一般是在 10 月下旬至 11月中旬挖收，但采收的最迟时期应是 5 日平均最低气温不低于 5℃时，否则会发生低温障碍，采收后易腐烂。适宜的魔芋挖收时期是在魔芋自然倒伏一周以后开始挖收。适时挖收魔芋，有利于保质、保产；过早、过晚均不好。因为魔芋尚未正常倒苗或刚倒苗时球茎含水量较高，不耐贮藏，若适当延迟挖收，则干物质含量增高，含水量减低，球茎更趋成熟，对贮藏有利。在雨水偏多的平坝地区，一旦魔芋倒苗后应及时挖收，否则易腐烂而造成绝收。

2. 采收及注意事项

商品芋采收的最佳时间以魔芋茎自然倒伏一周以后开始为好。采收过早不利保质保产，过晚不利贮藏易受冻害，采收时一定要选择晴天进行。尽量避免挖破或挖掉芋皮。挖破的伤口切忌暴露在空气中以免氧化变褐或霉变腐烂。一般每亩产鲜芋 800～1 500 千克。

3. 商品芋的贮藏方法

可采取地内越冬法，在海拔 850 米以下地区干燥向阳的地块在地面上盖一层稻草或玉米秆进行保温，让魔芋在地内越冬。还可以选择室内干燥密闭保温条件较好的屋子，地面上铺一层谷壳或干稻草，再将种芋直接堆放，但要在温暖的时期经常开门开窗调节室内温度。考虑到魔芋含水量高、不耐运输贮藏的特点，推荐将魔芋果实进行初加工保存，初加工过程简单，更利于后期运输。

三、叶面果采收

具有叶面果是珠芽魔芋不同于花魔芋、白魔芋品种的独特之处。叶面果也可作为魔芋种翌年播种，具有便于采收、方便贮存的特性。

1. 采收标准

叶面果成熟周期大约 200 天，随着果实的成熟，珠芽若不及时采摘会自动脱落，落到叶面或地表。

2. 采收方法

叶面果采收较为简单，对成熟的珠芽进行采摘或捡起地下脱落的果实。

3. 采收后注意事项

减少破皮保护组织，避免影响发芽率。

（1）自然晾干　通透环境下晒 2～3 天，待失水 10%～15% 后，用手轻搓果实，皮与肉可剥离的状态即为理想状态，再用密闭的袋子将叶面种收藏，以备翌年播种。

（2）贮藏 贮藏期间应保持 5～10℃ 的适宜温度，低于此温度种芋易受冻，当温度持续在 0℃ 以下时，冻害发生严重，进而腐烂；温度过高，叶面果的呼吸作用加强，加大水分散失，高温高湿易导致软腐病的发生及蔓延。一般贮藏环境湿度以 70%～80% 为宜，湿度低，叶面果因呼吸作用损失大量水分，造成块茎萎缩；湿度过高，易导致软腐病的发生及传播蔓延。叶面果贮藏期间，球茎要不断地进行呼吸作用，如果贮藏环境通风不良、氧含量不足，叶面果无氧呼吸加强，易造成烂种。因此，贮藏期间应注意通风换气，确保空气正常流通。

第二节 产品初加工方法

魔芋富含的葡甘聚糖是一种具有保健防病功能的营养物质。葡甘聚糖是一种流体半纤维，其不仅热量低，还可降低人体胆固醇、促进肠道蠕动，提高人体对营养物质的吸收能力，强体质，对人体健康十分有益。长期食用魔芋食品对心脏病、糖尿病、高血压及癌症等有一定程度的预防作用，国外称之为魔力食品。魔芋食品具有独特的品质风味，日本食用魔芋食品已有 1 500 年的历史。传统的魔芋食品是将魔芋精粉放入水中，使之吸水膨润成魔芋糊，再加石灰乳搅拌后加热凝固而成。

但魔芋含水量较高、保鲜期较短，据研究表明，魔芋收获后含水量在 82% 以上，易感病不利于贮藏，在贮藏和运输上存在弊端。为较好地将魔芋加以利用，除去鲜食魔芋外，可将魔芋进行初加工，一般按加工方法的不同分为粗加工和精加工，先将魔芋烘干成含水量在 14% 以下的干片以利于贮运。

魔芋初加工是指将采收的鲜魔芋球茎按工艺技术要求，用人工或机械方法加工成含水量在 14% 以下的魔芋干片（条、块）、魔芋粗粉、魔芋精粉等产品的过程。魔芋干片加工已从传统的土炕、土法烤干或晒干，发展到目前普遍采用专业烘干设备进行干燥，使魔芋干片产品在外观色泽和内在质量上产生了质的飞跃。魔芋初加工分为魔芋粗加工和魔芋精加工两大类。

一、初加工流程

魔芋粗加工分为干芋片加工和粗粉加工。干芋片加工流程一般为清洗、切片、烘干、包装贮藏，其质量决定后期精加工的品质。粗粉加工是将魔芋干打磨成粉，分为干、湿两种方法。

魔芋精加工是将鲜魔芋或芋粉加工成魔芋精粉或葡甘聚糖的过程，干法加工工艺流程为粉碎魔芋干片、过筛取得精粉；湿法加工工艺流程为选芋、粉碎、过滤、沉淀、甩水、烘干、粉碎。

二、具体方法

1. 魔芋粗加工

（1）干芋片加工 准备鲜魔芋，清洗、切片、烘干、包装贮藏。

①清洗。将收获的魔芋在水中冲洗洗净，去掉根须和外皮，洗至无泥沙、无外皮、外表面白色干净再晾干。

②切片。用切片机或锋利的不锈钢刀，将魔芋切割成薄厚均匀的魔芋片，一般厚度在 0.5～1 厘米。不建议使用铁刀，会影响切片的外观颜色等。

③烘干。魔芋干燥方法有两种，一种是自然干燥法。利用太阳辐射热和干燥空气的流动使魔芋水分蒸发而干燥，具有节约能源、设备简单、成本低、技术操作较易掌握等特点，但受气候条件的限制，有很大的局限性。另一种是人工干燥法。人为地控制环境条件进行干燥，具有不受气候条件限制、干燥时间快能减少腐烂损失、干燥质量好等特点，但设备费用较高，操作较复杂成本也较高。干燥品质的要求：优质芋角、芋片要无泥沙、杂物、霉烂现象，肉质致密、色白细腻、质匀，表皮薄而光滑；带皮部分内凹，肉质部分外凸，葡甘聚糖含量高；水分控制在 12% 以内，手感粗糙，敲打能发出脆响声；充分干燥后，以比重大且透明、内部非暗色的品质为佳。

④包装贮藏。包装袋要防潮，一般先用聚丙烯袋子包装好后，再放入纸箱内，封盖，放于干燥处。一般魔芋干水分控制在12%以下可以良好贮藏，当含水量大于13%时，保存期将会缩短。

（2）粗粉加工

①干法加工工艺流程。一般是将芋片粉碎、过筛、检验并包装。

粉碎：将芋片粉碎成粗粉。

过筛：用规格中等的筛网将粗粉过筛，筛选出精细粉末，使其符合要求。

检验并包装：将过筛后的魔芋粉进行色泽、粒度及含水量的检验，并对其进行分级包装，密封状态下存放干燥处。

②湿法加工工艺流程。将鲜魔芋清洗粉碎后，脱水并干燥。清洗、粉碎的方法与前文叙述的方法一样，用乙醇作为脱水剂进行脱水，随后用热风干燥粗粉即可。

2. 魔芋精粉加工

分为干湿两种加工法。

（1）干法加工工艺　将魔芋干片（角）粉碎，用精细的筛网过筛，得到精细的魔芋精粉。粉碎时将魔芋干片（角）用粉碎机粉碎成普粉后，再用粉碎机粉碎约12小时，把残留杂质、灰分用风力分离，经120目筛网，取得精粉。

（2）湿法加工工艺　将鲜魔芋清洗后粉碎，于清水中浸泡冲洗，用纱布等网状布过滤分离，沉淀放在清水中浸泡冲洗，用纱布纱网等过滤，沉淀放入0.5%亚硫酸盐溶液处理，沉淀提取再烘干，即为魔芋精粉。

①魔芋选择。选用块头大的鲜魔芋清洗剥皮，处理干净。

②粉碎。将魔芋浆放在水池、水缸或水桶里，用清水冲刷搅拌，反复4~5次。

③过滤分离。将冲洗后的魔芋浆，用粗布反复过滤多次，再用纱布同样反复过滤几次，将沙子等杂质与魔芋精粉彻底分离。

④沉淀。分离后的魔芋精粉浆沉淀2~3小时，放入0.5%亚

硫酸盐溶液，不断搅拌使亚硫酸盐溶液与魔芋精粉浆混匀。

⑤甩水。将沉淀后的魔芋精粉浆放入离心机内，经过分离 2～3 次后，用纱布过滤多次即可。

⑥烘干。将分离后的魔芋精粉放入烘干机内，依次用高温、中温、低温的顺序进行烘干。

⑦粉碎及过筛。将烘干后的魔芋精粉，放入粉碎机粉碎后，经 120 目筛网过筛，获得魔芋精粉。

<table>
<tr><td>第六章</td><td>海南橡胶林下珠芽魔芋
种植经济分析</td></tr>
</table>

一、橡胶林下经济分析

天然橡胶是我国重要的战略资源和基础工业原料，橡胶制品可以广泛应用于生产生活中，工业生产中的需求量非常大。但是由于土地资源有限，大面积种植橡胶树也会导致生态失衡，不利于自然环境的可持续发展。林下经济作为一种高效、科学的植被农作物种植模式大大提高了林木的生产效率，也节约了土地资源。橡胶林合理间作可以增加开割前胶农的收入，降低橡胶价格波动对胶农收入带来的风险。

林业发展在国家经济发展中占有重要地位，国家对林下经济的发展也越来越重视。林下经济是充分利用林下土地资源和林荫优势，借助林地的生态环境，从事林下种植、养殖等立体复合生产经营，从而使农林牧各业实现资源共享、优势互补、循环相生、协调发展的生态农业模式，以取得较好的经济效益，并构建稳定的生态系统，达到林地生物多样性。

近年来，发展林下经济已经成为进一步拓宽林业经济领域、促进农民增收的新型生态产业，对于调整农村产业结构，促进林、种、畜、牧业的协调发展，取得良好的生态、经济和社会效益具有十分重要的意义。随着我国林下经济的迅速发展，林下经济经营呈多元化发展，主要有林禽、林畜、林菜、林草、林菌、林药、林油、林粮和森林生态旅游等多种发展模式。海南橡胶林下植物物种资源丰富，同时海南还是国家无规定动物疫病区，具有发展林下经济必需的种植和养殖条件。目前，海南省已探索出多种橡胶林间作模式，如林畜（禽）模式、林粮模式、林菌模式、林药模式、林蜂模式、林花（卉）模式。

二、发展林下经济产业的重要性

发展林下经济可以充分利用我国丰富的林下资源，全面提高土地的利用率，完成林地及农田的有效配比。通过有效的配置，大幅度减弱直射光强度，有效增加散射光强度，从而减少昼夜温差，为植物提供适宜的生长环境。在优化过程中，林地资源的产能增加，可为实现农业、畜牧业的供给创造共享条件。发展林下经济，提升产能，增加整个林下经济的效益。可以利用复杂且多样的生态系统，充分发挥林业优势，改善生态环境作用，发挥林木及其他物种之间的相互连接。通过多方面、多层次、多体系的转化，利用农业、林业、渔业的各种产品，增加单位面积，提升产品质量，增加产品的附加值等，为林业经济的产出及整体的经济效益提供基础。同时，大力发展林下经济产业，可以促进养殖、种植等多产业的融合，完成林下经济结构的调整、升级，以弥补在林下产业发展过程中，自身生产周期较长的缺陷，从而保障林下经济及生态效益能够实现双赢，促进整个经济体系可持续发展。

三、林下经济的发展方式

1. 种植经济

橡胶树属于林木种植业，林下经济就是指在充分利用土地资源和光热资源的基础上，在橡胶林木下种植其他作物，可增加作物种植品种，发展生态多样性，增加农民收入。橡胶林高大、密集，占地面积大，单一种植橡胶林会造成土地资源的浪费，种植形式单一，不利于增收和创收。通过林下经济可以利用橡胶树的树荫优势，在橡胶林下种植食用菌类、浆果类和药材类等。有的林木喜阴喜热，对于光照要求不高，这样的特点正好可以整合到橡胶林下种植体系之中。常见的适宜种植的药材有砂仁、益智和巴戟等；食用菌类的种植有平菇、灵芝、毛木耳，以及其他药用菌等，这些作物习惯生长在温暖、阴暗、潮湿地区；其他可以种植的还有花卉，以及花生、甘薯和绿豆等矮灌木类。发展橡胶林下种植经济，丰富了种植品类，完善农业种植系统，高效统一浇灌、除害和开垦等，增加就业、扩大生产。橡胶林下可种植的作物品种很多，可以根据作物的喜热属性，划分种植区域，实现高大灌木、中低灌木、低矮灌木丛分层种植，充分利用好每一寸土地。

2. 养殖经济

实现橡胶树林下经济不应该只是局限于林木、植被等种植，种植业发展的同时，也可以促进养殖业的发展。橡胶林单一种植可以产生的经济效益是有限的，要充分利用好橡胶树密闭、庞大的枝叶遮盖下的土地资源可以集中发展养殖业。在橡胶林下饲养家禽，常见的有鸡、鸭、鹅等，家禽在天然林木下饲养，肉质好、口感佳，是真正绿色的农产品。橡胶林中饲养家禽产生的粪便也可以作为养料及时输送到林木根部。橡胶林下经济实现家禽养殖一方面维护了生态的多样性，充分利用土地资源、光热资源，家禽产生的粪便供给橡胶树养分，橡胶林为家禽提供了广阔、安全的活动场所；另一方面，发展林木种植业和家禽饲养业，实现了生态经济双向发展，使农民在种植过程中直接完成了养殖工作，节约了工作时间，提高了工作效率，增加了经济收入。同时，绿色生态也是环境保护和经济发展的主题。在橡胶林中发展家禽养殖，可以节省家禽养殖空间，实现土地资源的高效利用。

3. 成本节约方面

橡胶林种植过程中还需要进行病虫害的预防，但在林下经济发展中同时种植其他产品，虫害预防工作就可一步到位，不用分别实施保护、除害工作，节约了人力、物力，节约了生产成本。橡胶林有一定的生长、收获周期，在其生长期间，需要做许多养护工作，但却没有收益。发展林下经济，在橡胶林下实现多层次种植，可以同时进行开垦、浇灌、除害等工作，可以根据其他农作物的不同生长、采摘周期获得阶段性收获，实现成本的节省和收益的增加。种植业的收获是一方面，养殖业的收获是另一方面。家禽在林中饲养，吃虫、捉虫，排出的粪便还可以直接输送给橡树作为养料，省去了农民施肥、除虫的环节。同时，这种环境中养殖产出的家禽健康、绿色、风味极佳，市场价值高。发展橡胶种植林下经济实现了生态系统的循环再利用，节约了农民农业种植、养殖的时间和精力，有效节约成本，提高经济效益。土地资源是有限的，但是在有限的土地空间上发展不同农业增加收入，有利于进一步提高土地经济效益。

四、林下经济发展现状

1. 政策扶持力度不足

我国大多数林区为偏远地区，经济基础薄弱，很多地区对发展林下经济认识不足，没有出台专门的发展林下经济扶持政策与扶持资金。由于政策的缺失及资金的缺乏，即便有农户尝试大规模发展林下经济，也很难取得成功。

2. 缺乏有效的组织引导

目前，我国林下经济产业存在组织化程度较低的问题，很多农民在发展过程中，无法准确掌握市场信息，导致产品难以根据市场的整体需求，进行有效调整。同时，林下经济产品缺乏合理的销售渠道，难以保证农户的权益。因此，在林业产业的可持续性发展中，须保证实现组织引导。

3. 基础设施薄弱

要规模化发展林下经济，电力、水利、交通等各项基础设施必不可少。而我国林区大多处于偏远的山区，基础设施相对较差，这种客观条件在一定程度上制约了林下经济集约化、规模化发展。

五、魔芋的发展前景

1. 魔芋价值

魔芋含有丰富的碳水化合物，热量低，蛋白质含量高于马铃薯和甘薯，微量元素丰富，还含有维生素 A、B 族维生素等，特别是葡甘聚糖含量丰富，其具有减肥、降血压、降血糖、排毒通便、防癌补钙等功效。用途相当广泛，越来越受到消费者青睐。

2. 发展前景

儋州市有170万亩缓坡胶林地，土壤肥沃，荫蔽度好，最适合种植魔芋。2020年地下块茎平均产量1.5吨/亩，气生种球2～3千克/亩，气生种球销售价55元/千克，地下块茎5元/千克。两项合计平均亩产值8 600元。2020年儋州市民营天然橡胶林下种植魔芋面积1 680亩，发展空间还非常大，如果作为一项辅助产业来抓，推广20万亩，可创造价值17.2亿元，对胶农脱贫、增产增收，意义重大。其发展前景非常广阔，值得大力推广。

林下经济作为一种复合型农业种植、养殖系统，符合当代社会经济发展和生态保护的要求。但由于这种种植方式推广力度不够，其主要成效还不能完全显现。针对这种情况，需要政府加大资金和技术的扶持力度，全面培养专业化人才指导生产。橡胶产业的发展在国民经济中占据越来越重要的地位，但既要满足橡胶种植、生产和产出的要求，又要促进生态发展多样性和经济效益的同步增长，就需要大力发展林下经济，有效结合农业种植和养殖特点，完善整个农业生态系统，促进生态平和环境保护的同步发展，同时提升当地经济效益和环境效益，实现土地资源的高效利用，实现可持续发展。

图书在版编目（CIP）数据

海南橡胶林下珠芽魔芋种植与利用 / 张志扬，王秀全主编. —北京：中国农业出版社，2023.9
ISBN 978-7-109-31122-0

Ⅰ.①海… Ⅱ.①张… ②王… Ⅲ.①芋-蔬菜园艺-研究-海南②芋-资源利用-研究-海南 Ⅳ.①S632.3

中国国家版本馆 CIP 数据核字（2023）第 177550 号

中国农业出版社出版

地址：北京市朝阳区麦子店街 18 号楼
邮编：100125
责任编辑：魏兆猛
版式设计：王 晨 责任校对：吴丽婷
印刷：北京通州皇家印刷厂
版次：2023 年 9 月第 1 版
印次：2023 年 9 月北京第 1 次印刷
发行：新华书店北京发行所
开本：880mm×1230mm 1/32
印张：3.25 插页：2
字数：100 千字
定价：35.00 元

珠芽魔的芋根

成熟后珠芽魔芋的根

叶面果

珠芽魔芋的叶由地上
叶柄和复叶组成

珠芽魔芋的鳞片叶

珠芽魔芋愈伤组织

珠芽魔芋丛生芽

珠芽魔芋丛芽继代培养

袋育生根苗

瓶育生根苗

沙床驯化移栽

穴盘营养土驯化移栽

海南橡胶林下套种成功案例展示

魔芋施肥方式——施入底肥

魔芋施肥方式——整地作畦

化学药剂施用方式——直接喷洒地面

石灰与有机肥同时施入

落叶覆盖模式

软腐病病例

珠芽魔芋日灼病

覆盖遮阴网